HolzWerken

Die Baumporträts

HolzWerken

Die Baumporträts

HolzWerken

Impressum

„*HolzWerken* – Die Baumporträts"
2. Auflage, korrigierter Nachdruck 2024

Fotos und Texte: Andreas Duhme, Sonja Senge
Fachliche Beratung: Dr. Ralf Buchholz, HAWK Hildesheim

Produziert von PrintMediaNetwork, Oldenburg
Printed in Europe

ISBN: 978-3-86630-718-6
Best.-Nr.: 9175

HolzWerken
Ein Imprint von
Vincentz Network GmbH & Co. KG
Plathnerstraße 4c
30175 Hannover

www.HolzWerken.net

Das Arbeiten mit Holz, Metall und anderen Materialien bringt schon von der Sache her das Risiko von Verletzungen und Schäden mit sich. Autor und Verlag können nicht garantieren, dass die in diesem Buch beschriebenen Arbeitsvorhaben von jedermann sicher auszuführen sind. Vor Inangriffnahme der Projekte hat der Ausführende zu prüfen, ob er die Handhabung der notwendigen Werkzeuge und Maschinen beherrscht. Autor und Verlag übernehmen keine Verantwortung für eventuell entstehende Verletzungen, Schäden oder Verlust, seien sie direkt oder indirekt durch den Inhalt des Buches oder den Einsatz der darin zur Realisierung der Projekte genannten Werkzeuge entstanden.

Weitere Materialien kostenlos online verfügbar!

http://www.holzwerken.net/bonus

Ihr exklusiver Bonus an Informationen!
Zusätzlich zu diesem Buch bietet Ihnen *HolzWerken* Bonus-Material zum Download an.
Scannen Sie den QR-Code oder geben Sie den Buch Code unter www.holzwerken.net/bonus ein und erhalten Sie kostenfreien Zugang zu Ihren persönlichen Bonus-Materialien!

Buch-Code: TE6673V

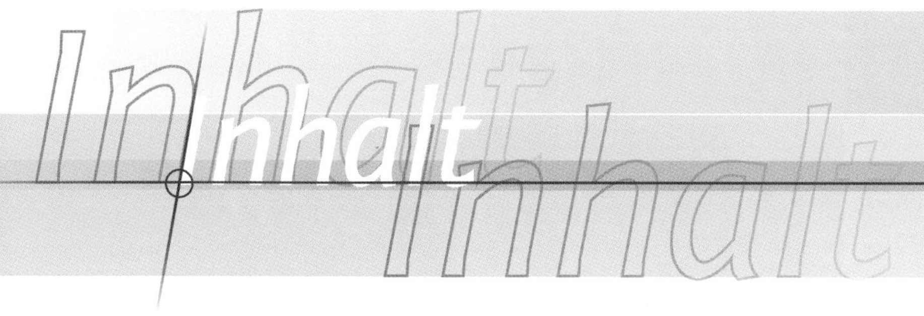

Inhalt

A

Ahorn . . . 6
Apfel . . . 8

B

Balsa . . . 10
Bambus . . . 12
Bangkirai . . . 14
Baumhasel . . . 16
Birke . . . 18
Birne . . . 20
Bubinga . . . 22
Buche, Rot- . . . 24
Buche, Weiß-/Hain- . . . 26
Buchsbaum . . . 28

C

Cocobolo . . . 30

D

Douglasie . . . 32

E

Ebenholz . . . 34
Eibe . . . 36
Eiche, Trauben-/Stiel- . . . 38
Elsbeere . . . 40
Erle . . . 42
Esche . . . 44
Essigbaum . . . 46

F

Fichte/Tanne . . . 48
Flieder . . . 50

G

Ginkgo . . . 52
Goldregen . . . 54
Grenadill . . . 56

H

Hickory . . . 58

J

Jarrah . . . 60
Jatoba . . . 62

K

Kastanie, Edel- . . . 64
Kirschbaum . . . 66
Kornelkirsche . . . 68

L

Lärche . . . 70
Linde . . . 72

O

Olive . . . 74

P

Padouk . . . 76
Palisander . . . 78
Pappel . . . 80
Paulownie . . . 82
Pflaume . . . 84
Platane . . . 86
Pockholz . . . 88

R

Robinie . . . 90

S

Speierling . . . 92
Sträucher (Wacholder) . . . 94

T

Teak . . . 96
Tineo . . . 98
Tulpenbaum (Yellow Poplar) . . . 100

U

Ulme/Rüster . . . 102

W

Walnuss . . . 104
Weide . . . 106
Wengé . . . 108

Z

Zebrano . . . 110
Zeder, Rot- . . . 112
Zirbelkiefer/Arve/Weymouthskiefer . . . 114

Gut zum Gaumen, gut zum Ohr!

Markenzeichen des Ahorn: Der bekannte Flügelsamen

Fotos: Wikimedia Commons: Willow, Frank Vincentz; Ludger Wannenmacher

Unglaublich vielseitig, zäh und hart, aber leider nicht ganz farbecht: Ahorn ist eines der am häufigsten genutzten Laubhölzer. Und die zahlreichen Arten können mehr als nur in der Werkstatt eine gute Figur machen.

Ahorn (Berg-Ahorn: Acer pseudoplatanus; Spitz-Ahorn: Acer platanoides; Zucker-Ahorn: Acer saccharum)

Natürliche Verbreitung: In Mitteleuropa/Westasien in mittleren Höhenlagen, etwa bis zum Harz, sonstige Vorkommen durch den Menschen angelegt; Zucker-Ahorn im ganzen nordöstlichen Nordamerika

Höhe: Spitz-Ahorn bis 30, Berg-Ahorn bis 35 Meter
Mittlere Rohdichte: 650 kg/m^3 (Berg-Ahorn)
Höchstalter: bis 500 Jahre (Berg-Ahorn)

Das Alte musste einfach raus: Es war in den sechziger und siebziger Jahren, als viele Land-Gaststätten ihre alten Wirtshaustische mit dicken Ahorn-Platten zu Brennholz zerlegten. Stattdessen stellte der Wirt von Welt modernes Resopal in die Schankstube. Viele haben es vor 40 Jahren bedauert, dass ein so schönes Stück Wirtshauskultur durch Plastik ersetzt wurde. Nun bekommen sie Recht: Viele Gaststuben setzen wieder Ahorn für die Tischplatten ein. Mit einer Handvoll Sand wird da heute nicht mehr wie früher allabendlich die Platte gescheuert – der zähe Ahorn macht aber auch das mit.

Rund 150 Arten umfasst die Gattung Ahorn (Acer), 13 davon wachsen in Europa. Am bekanntesten vom Wegesrand ist der Feld-Ahorn, der sich aber wegen der geringen Wuchsgröße kaum je im Holzhandel findet. Dort kommen schon eher der Berg- und der Spitz-Ahorn vor. Große Mengen „Hard Maple" (Holz des Schwarzen Ahorns und des Zucker-Ahorns) wurden und werden zudem heute aus Kanada nach Europa eingeführt.

Der nordamerikanische Zucker-Ahorn vor allem liefert bisweilen eine interessante Spielart, den „Vogelaugenahorn": Durch bis heute nicht ganz geklärte Faktoren ist das Holz mit kleinen, kreisförmigen Wirbeln versehen. Sehr dekorativ und selten zu finden! Das Gleiche gilt für wellig gewachsenen Ahorn, der als Riegel-Ahorn überaus begehrt ist.

Die für die Nutzung wichtigsten Arten (Berg- und Spitz-Ahorn und vor allem die „Hard Maple"-Arten) haben bei ihrem Holz ähnliche Charakteristika: Splint und Kernholz sind fast immer einheitlich hell-gelb bis fast weiß. Nur Spitz-Ahorn hat gegebenenfalls einen rötlichen Ton.

Besonders typisch für alle erhältlichen Ahorn-Hölzer ist das Auftreten des Spätholzes in den Jahrringen: Es ist nur sehr dünn und nur etwas dunkler als das Frühholz, kann sich aber scharf begrenzt von diesem abheben. Im tangentialen Anschnitt, also bei Seitenbrettern, ruft das eine wunderschöne Fladerung hervor.

Weil Ahorn sich bestens für die Furnierproduktion eignet, ist er immer dann gefragt, wenn helle Hölzer im Trend sind. Ahorn kann hier als etwas feinere Variante der Birke angesehen werden. Weil es sehr hell ist, lässt es sich besonders gut für Innenbereiche von Möbeln oder auch Schatullen einsetzen. Der starke Kontrast zu sehr dunklen Hölzern bringt bei Einlegearbeiten starke Effekte, die auch Drechsler gerne nutzen.

Allerdings ist Ahorn leider nicht farbbeständig. Das zu Beginn traumhafte Weiß des Holzes ist nicht von langer Dauer, wenn Licht im Spiel ist: Innerhalb eines Jahres verwandelt es sich in einen satten Ton zwischen Beige-Gelb und Ocker. Das ist nicht unansehnlich, aber eben auch nicht das Weiß der ersten Tage. Der Versuch, hier mit UV-Blockern in Lacken und Ölen entgegenzuarbeiten, hat meist den Effekt von Kosmetik: Sie wirkt eine Weile, aber irgendwann kann sie das Werk der Zeit nicht mehr überdecken. Ahorn-Holz gilt als „mäßig" hart, kommt aber selbst in der etwas weicheren Variante (Bergahorn) fast an die Rotbuche und die Eiche heran. Wegen seiner Abriebfestigkeit wird der helle Werkstoff in großem Umfang im Treppenbau und für Parkett eingesetzt, und auch Schuhleisten werden wegen dieser Eigenschaft oft aus Ahorn gefertigt. Das Holz lässt sich exzellent beizen, und weil es keine sichtbaren Poren zeigt, setzten edle Möbelbauer es im 17. und 18. Jahrhundert gerne ein. Sie schwärzten es, um tropische Edelhölzer zu imitieren. Wer heute bewusst auf Ebenholz und Co. verzichten möchte, kann also auf das Beizen von Ahorn zurückgreifen. Durch die hohe Dichte lässt es sich auch sehr gut glänzend polieren. Der sehr regelmäßige Wuchs auch großer Partien macht Ahorn zu einem der Edel-Laubbäume, die sich mit den geringsten Komplikationen bearbeiten lassen. Bohren, Schrauben, Schnitzen, Biegen, Drechseln, alles das ist ohne Probleme möglich.

Einen guten Klang hat der Name bestimmter Arten übrigens in der Musikwelt. Fein geriegelten Ahorn aus Bosnien lässt man oft Jahrzehnte lagern, bevor er für hochwertige Streichinstrumente verwendet wird. Und nicht nur für's Ohr, sondern auch für den Gaumen halten die 150 Ahorn-Arten etwas bereit: Seinen Namen bekommt der Zucker-Ahorn wahrscheinlich durch den süßen Sirup, der aus seinem Stamm gezapft wird. Nicht umsonst trägt Kanada als Heimat des „Maple Syrup" sogar das Ahornblatt in der Flagge. (AD)

Der Instrumentenbau ist eine der Domänen des Ahorns, da dieser ausgezeichnete Klangqualitäten haben kann.

Hart, bunt, dicht – und furchtbar lecker!

Kennt jedes Kleinkind: Die Früchte des Apfelbaums

Fotos: Wikimedia Commons / Aomorikuma; Pixelio /Daniel Stricker; Wolfgang Gschwendtner

Für was muss der Apfel(baum) nicht alles herhalten! Von aus seinen Kernen gefertigten Tischdeckchen (kein Scherz!) bis hin zum Sündenfall bei Adam und Eva ist alles dabei. Dabei ist der Apfelbaum nichts anderes als eine der ältesten Kulturpflanzen des Menschen – und liefert wunderbares Holz!

Holz-Apfel (Malus sylvestris),
„Kultur"-Apfel (Malus domestica)

Natürliche Verbreitung: Europa, Vorderasien

Höhe: 10 bis 15 Meter
Mittlere Rohdichte: 700 kg/m³
Höchstalter: 80 Jahre

Über die geschmacklichen Genüsse, die Apfelbäume mit ihren Früchten als Obst, Gelee, Brand, Most, Chips und in vielen weiteren Varianten bescheren, muss an dieser Stelle nicht eingegangen werden. Oftmals unterschätzt ist hingegen die Qualität des Obstholzes. Allzu häufig landet es achtlos im Kamin oder gar als Häcksel auf dem Kompost.

Böse gesprochen ist das Holz des Apfelbaums daran selber schuld, denn direkt nach dem Schlagen ist es jahrelang zickig. Nur wenige Hölzer (darunter die dafür berüchtigte Pflaume) werfen sich beim Trocknungsprozess so stark; sie werden krumm und schief, reißen und springen auf.

Dennoch: Wer seinem Nachbarn einen schönen Apfelbaum abschwatzen kann, um diesen vor dem Feuer zu retten, der sollte es tun. Dafür kann es bei einem dünneren Querschnitt genügen, Stamm und dickere Äste der Länge nach zu halbieren und dann für die richtige Lagerung zu sorgen: Luftig, schattig und trocken zugleich soll es sein. Wenn schon klar ist, was aus dem Stämmchen werden soll, ist es sinnvoll, das noch recht weiche Grünholz grob in Form zu sägen, zu spalten oder zu drechseln. Dann geht das Trocknen schneller und die Verzugskräfte wirken nicht mehr so stark.

Kleine Akzente setzen: Das kann Apfelholz richtig gut!

Ausgewachsene Bäume müssen unbedingt vor dem Trocknen in kleine Kanteln zerteilt werden, damit die unvermeidlichen Risse sich nicht quer durch alle nutzbaren Partien ziehen. Die Belohnung für die Mühe lässt sich nach mehreren Jahren Trocknung ernten: Apfelholz bietet eine intensive rötlich-braune Färbung in seinem Kern dar, die sich nach außen hin zu einem satten Orange verändert. Eine klare Grenzlinie zwischen Kern- und Splintholz gibt es dabei nicht, auch fehlen sichtbare Poren. Dadurch lässt sich das Holz sehr gut polieren. Aber auch alle anderen Oberflächenarten nimmt trockenes Apfelholz sehr gut an. Das Verleimen ist ebenso wenig ein Problem wie das Schrauben in Apfel.

Der wasserempfindliche Werkstoff wird vor allem für feine Innenausbau-Furniere genutzt. Ansonsten kann alles, was klein ist, sehr gut aus diesem Holz entstehen: Kunstvolle Kleinmöbel und Schatullen, Messergriffe, Dosen, Amulette und vieles mehr. Auch Türöffner für Schränke oder andere handschmeichlerische Accessoires lassen sich wunderbar aus kleinen Stücken Apfelholz fertigen. In der Kunsttischlerei setzt Apfelholz so nicht selten das farblich kontrastierende i-Tüpfelchen.

Apfelholz ist dabei sehr dicht gewachsen und daher auch für hohe mechanische Beanspruchungen – sogar Zahnräder – geeignet. Dabei zeigt es auch in kleinen Dimensionen mit Drehwuchs und Widerspänigkeit seinen echten Charakter. Je kleiner das Bauteil ist, desto leichter beherrschbar sind diese Unarten aber. Stets sehr scharfes Werkzeug und beim Hobeln ein deutlich steilerer Schnittwinkel als gewöhnlich sind dabei absolut empfehlenswert.

In den vergangenen Jahren sind häufiger Rohhölzer und Gegenstände aus indischem Apfelbaum zu bekommen. Dieser ist jedoch deutlich rötlicher und oft von sehr markanten schwarzen Streifen durchzogen. Von unseren heimischen Apfelsorten ist indischer Apfel daher gut zu unterscheiden. Diese stammen alle vom wilden Holzapfel ab, der aber in den Wäldern nur noch selten anzutreffen ist. Die Hege und Züchtung dieser wertvollen Obstlieferanten beschäftigt die Menschheit wahrscheinlich sogar schon länger als der Anbau von Getreide. Das haben jüngere Forschungen ergeben. Apfelholz ist also unser fast schon ewiger Begleiter. Kein Wunder also, dass der Apfel in so vielen Geschichten eine wichtige Rolle spielt – von Adam und Eva über Schneewittchen bis zur erfolgreichsten Computermarke der heutigen Zeit. (AD)

Auch stockiger Apfel bietet einen wunderbaren Grundstoff, wie bei dieser Schale.

Ein Sensibelchen, das viel aushält

Er ist der Baum, der in kürzester Zeit nur so in die Höhe schießt. Und er hat das Holz, das nicht nur Modellbauer und Surfer glücklich macht: Der Balsabaum. Das Leichtgewicht aus Amerika hat aber noch weit mehr zu bieten.

Fotos: © 3A Composites Core Materials / Airex AG; flickr.com©Rugerdier; wikimedia commons: Marko Schmidt

Balsa (Ochroma Lagopus)

Natürliche Verbreitung: Süd- und Mittelamerika

Höhe: 20 bis 40 Meter
Mittlere Rohdichte: 160 kg/m³
Höchstalter: 30 Jahre

„Balsa“ – diesen Namen gaben die Spanier dem Holz, das die Ureinwohner Amerikas zu großen, kräftigen Flößen verarbeiteten. Und genau das heißt das Wort übersetzt: Floß. Die Spanier staunten sicher nicht schlecht, als die großen und schwer beladenen schwimmenden Plattformen an den schweren europäischen Schiffen vorbeizogen. Der Balsabaum liefert genau das richtige Material für alle Projekte, die transportabel, schwimm- oder flugtauglich sein müssen.

Balsabäume wachsen vorwiegend im tropischen Amerika und werden dort in Plantagen angebaut. Es gibt eine FSC-Zertifizierung, und beim Kauf sollte man nur dieses Holz kaufen. Auch in Indonesien und Indien wird Balsa angebaut, aber das südamerikanische Ecuador führt 80 Prozent der Exporte an Schnitt- und Kantholz aus.

Der Anbau dieser Malvengewächse lohnt sich schnell, denn bereits in fünf Jahren schießt der Baum zu mehreren Metern Höhe und zu Stammdurchmessern von einem halben Meter auf. Nach zehn Jahren ist dann aber Schluss mit dem turboschnellen Wachstum und dann nimmt auch die Holzqualität deutlich ab. Das zunächst sehr helle, vom Splint kaum unterscheidbare Kernholz wird dann bräunlich und verliert an Güte. Generell ist Balsaholz wenig dauerhaft gegen Insekten und Pilze und muss chemischen Schutz erhalten.

Weil der Baum so schnell wächst, hat Balsa eine mittlere Rohdichte von 160 kg/m³. Das weiche Pappelholz hat eine fast dreimal höhere Dichte. Balsa ist der Baum mit der geringsten Dichte überhaupt.

Sein geringes Gewicht schätzen Angler und Wassersportler, denn aus Balsa werden besondere Köder und Surfbretter hergestellt. Ein bisschen fühlt sich das Holz an wie Styropor, und ein paar dieser Eigenschaften hat das Holz auch: Es dämmt Wärme und Schall gut. Balsa darf natürlich auch in der Werkstatt des Modellbauers nicht fehlen. Flügel und Rümpfe werden aber auch im Großformat mit dem leichten Baustoff ausgekleidet.

Im Verbund mit anderen Werkstoffen, etwa Glasfaser und Kunstharz, wird das weiche Balsa erst stark. Im schweizerischen Avançon bei Bex führt eine Brücke aus Balsaholz tonnenschwere LKW über einen Fluss. Auf diese Weise ließ sich die Brücke schnell mit einem Kran errichten, weil sie um 80 Prozent weniger wiegt (nur 50 Tonnen) als herkömmliche Beton-Konstruktionen. Hier wurde zuvor im Belastungstest ermittelt, dass die Sandwichbauweise mit bis zu 35 Tonnen belastbar wäre, bevor sie bräche. Das erstaunt natürlich schon ein wenig, denn kaum ein Holz lässt sich so einfach mit den Händen zerbrechen wie Balsa.

Weiches Holz ganz stark

Es kommt dabei auf die richtige Technik an: Denn die Biegefestigkeit des Balsaholzes allein liegt bei winzigen 3,9 N/mm². Zum Vergleich: Auch Pappelholz ist nicht besonders biegefest: Aber sein Wert liegt bereits bei 47 N/mm², der Ausreißer nach oben mit einem großen Biegefestigkeitswert ist Greenheart mit 219 N/mm². Die Brückenbauer haben die beste Methode verwendet, um Balsa zu verbinden: Sie haben das Holz geklebt. Nägel und Schrauben sind in dieser Holzart schlecht aufgehoben. Die beste Möglichkeit, um das Holz zu glätten, ist übrigens schleifen. Das weiche Holz würde dem Druck eines Hobels nachgeben und somit ein gutes Ergebnis erschweren.

Zugegeben: Ein Sensibelchen ist das Holz schon. Wer es zu scharf anschaut, hat bereits eine Macke im Holz verursacht. Entsprechend liegt der Wert für die Druckfestigkeit bei 3,5 N/mm², während andere Hölzer wieder im zwei- und dreistelligen Bereich liegen. Aber Druckstellen gehen mit ein wenig Wasser und Wärme durch ein Bügeleisen auch schneller als bei anderen Holzarten wieder weg. (SEN)

Die Welt hört das Gras wachsen

Die Neugier auf Asien ist in der westlichen Welt groß im Kommen. Natürlich rückt auch der beliebteste Baustoff in Fernost in den Fokus des Interesses: Bambus.

Die meisten Bambus-Arten in freier Natur blühen extrem selten und sterben danach sehr bald ab.

Fotos: Böhringer, 633highland, Wikimedia commons, Pixelio

Moso-Bambus (Phyllostachys pubescens)

Natürliche Verbreitung: China mit Südostasien

Höhe: bis 30 Meter
Mittlere Rohdichte: 600 kg/m^3
Höchstalter: ca. 25 Jahre

Eine Graslandschaft stellt man sich eigentlich anders vor: Riesige Wälder aus langen und äußerst dünnen Stämmen, über 25 Meter hoch, mit einem dichten Blätterdach. So präsentieren sich weite Teile der chinesischen Provinzen Zhejiang, Fuijan oder Jiangxi. Von einheimischen Bauern seit Jahrhunderten gepflegt, wächst hier das Gewächs, das die Welt begeistert. Bambus ist tatsächlich kein Baum, sondern ein Gras. Bis zu 30 Zentimeter pro Tag kann ein junger Spross der wichtigsten Art „Phyllostachys pubescens" empor schnellen, und es dauert nur fünf Jahre, bis der ganze Stamm verholzt ist. Dann kann der Einschlag beginnen. Ein Neu-Aussäen können sich die Bauern sparen: Die eigene Verbreitung hat die Pflanze durch unterirdischen Austrieb bereits selbst erledigt. Kahlschlag gibt es in Bambus-Wäldern also nicht. Das ist ein Grund, warum der Werkstoff als besonders nachhaltig gilt.

Rund 1.500 unterschiedliche Gewächse fallen botanisch gesehen unter den Namen „Bambus", einem Tribus aus der Familie der Süßgräser. Der Schwerpunkt des Verbreitungsgebietes ist Asien, es gibt aber auch natürliche Vorkommen in Südamerika sowie in Afrika. Während ein Teil dieser Artenvielfalt tatsächlich wie heimisches Gras aussieht, dienen die Sprossen anderer Arten als Delikatessen der japanischen und chinesischen Küche. Und dann gibt es noch den Star, der aus der Masse seiner Artgenossen im wahrsten Sinne des Wortes herausragt. Chinesisch „Moso" genannt, bildet Phyllostachys pubescens seit Jahrtausenden das Rückgrat der asiatischen Baukultur vom Reich der Mitte über Japan, Indonesien bis in die Südsee. Der Riesen-Bambus dient als Baumaterial für Hütten und Häuser; Schätzungen zufolge lebt mehr als eine Milliarde Menschen in Gebäuden aus Bambus. Selbst die Baugerüste moderner Stahlbeton-Wolkenkratzer werden in Fernost ganz selbstverständlich aus langen Bambus-Stangen errichtet.

Plattenwerkstoffe bringen Bambus in die Werkstatt

Mit 70 Prozent Cellulose-Anteil und einem hohen Lignin-Gehalt ähnelt „Moso" chemisch gesehen unserem bekannten Holz, es ist zugleich zäh und härter als Eiche. Kein Wunder also, dass Bambus immer stärker in die moderne westliche Wohnkultur Einzug hält. Parkettelemente und mehrschichtige Möbelbauplatten sind im gut sortierten Fachhandel erhältlich. Da Moso als Gras innen hohl ist, muss es intensiv bearbeitet werden, bevor es als Plattenwerkstoff zur Verfügung steht. Oft wird der Bambus-Stamm gedämpft, um karamellfarben dekorativer zu wirken. Außerdem wird so Insekten und Sporen, gegen die Bambus anfällig ist, der Garaus gemacht. In sechs Teile gespalten und mehrmals gehobelt entstehen etwa fünf Millimeter dicke und 20 Millimeter lange Streifen, die zu Bambus-Platten verarbeitet werden. Bei deren Verleimung gibt es zwei Arten: Bei der „horizontalen" Variante werden die Stäbchen flach gelegt und in mehreren Schichten ziegelartig verschoben übereinander geleimt. Bei der „vertikalen" Spielart stehen die Streifchen auf einer Schmalfläche und sind auf der Breitseite mit dem Nachbarn verleimt. Die auf diese Arten gefertigten Platten lassen sich ihrerseits wieder in Stapeln verpressen, um so mehr Stabilität zu erhalten. Bis zu einer Stärke von etwa 15 Millimeter gibt es einschichtige Platten, darüber hinaus sind drei- und fünfschichtige Platten im Handel.

Durch deren kleinteiligen Aufbau ist ein Verwerfen nahezu ausgeschlossen. Die fertigen Produkte lassen sich sehr gut mit normalen Holzbearbeitungsmaschinen formen, allerdings geben sie mit ihren reichhaltigen mineralischen Inhaltsstoffen den Schneiden einiges zu beißen: Diese stumpfen daher schneller ab. Für Leime und die gängigsten Oberflächenmittel wie Wachs, Öl oder Lack ist Bambus-Material – ob als Platten oder als Rohr verarbeitet – sehr empfänglich.

In seiner modernen Variante als Plattenwerkstoff ist Bambus in den vergangenen Jahren auch hierzulande immer beliebter geworden. Die Chinesen schätzen den Werkstoff schon seit langem: In einer der ältesten überlieferten Quellen, dem Epos „I Ging" wurde Bambus erwähnt, und das ist fast 5.000 Jahre her. Gut möglich übrigens, dass das Werk selber mit Bambus geschrieben wurde: Denn als Schreibgerät, wen wundert es, taugen Bambusfasern auch. (AD)

Als Baumaterial ist Bambus – hier auf einem Ausstellungsgelände in Rostock – eine wichtige Visitenkarte Asiens.

Dieses Holz liegt uns zu Füßen

Ob handfest oder elegant: Bangkirai-Böden bieten den Grund für alle Garten-Einrichtungen.

Holz-Terrassen haben in den vergangenen zehn Jahren einen echten Boom hingelegt. Rötlich-braun verleihen sie einen organischen Touch und bieten auch blanken Fussohlen schöne Wärme. Die allermeisten dieser Böden sind aus Bangkirai. Grund genug für einen genaueren Blick.

Bangkirai (Shorea laevis)

Natürliche Verbreitung: Thailand bis Borneo

Höhe: 50 Meter
Mittlere Rohdichte: 930 kg/m³
Höchstalter: 200 Jahre

Wochenlanger Regen im Herbst, im Winter Eis und Schnee, und im August Temperaturen bis 35° bei staubtrockener Luft: Es gibt wenige Materialien, die diese Tortur mitmachen und dabei noch belastbar und ansehnlich bleiben. Holz kann das.

Doch bei Lichte besehen kann das längst nicht jedes Holz. Die allermeisten einheimischen Arten sind für den Einsatz draußen überhaupt nicht geeignet, denn sie reißen, splittern und faulen binnen kürzester Zeit. Das ist der Grund, warum viele Holz-Terrassen aus Bangkirai (auch Bankirai geschrieben) angelegt werden. Das Material aus Südost-Asien hat schlicht überragende Eigenschaften. Es ist um bis zu 50 Prozent fester als Eiche und besonders dicht: Es ist eines der Hölzer, bei denen es passieren kann, dass einige Stücke nicht schwimmen.

Mit seinen Inhaltsstoffen ist Bangkirai bestens gegen nagende und pilzige Parasiten gefeit. Es wird als „dauerhaft" in die höchste Holzresistenzklasse eingeordnet. Das ist insofern nicht unwichtig, weil kleine Oberflächenrisse bei diesem Holz oft vorkommen und Schädlingen ein Einfallstor sein könnten. Doch das Holz bekommt ihnen einfach nicht. Die Oberflächenrisse stören die Optik einer Bangkirai-Terrasse nicht, weil man sie kaum sieht. Bei Möbeln aus Bangkirai und bei Fensterkanteln kann diese Riss-Neigung aber schon ein Nachteil sein. Auch wenn Bangkirai zum Splittern neigt, lässt es sich einwandfrei verarbeiten, hobeln, fräsen und schleifen. Vorbohren ist natürlich gerade beim Terrassenbau Pflicht.

„Shorea laevis", so der wissenschaftliche Name der Art, wächst im Regenwald Südostasiens, ursprünglich in Myanmar und Thailand bis weit nach Indonesien. Heute wird es jedoch weit darüber hinaus forstwirtschaftlich angebaut, so etwa in Indien, Pakistan, den Philippinen, Kambodscha und Vietnam. Als eine weitere „Shorea"-Art ist übrigens das typische Fensterholz Meranti ein enger Verwandter von Bangkirai. Mit Teak sind beide jedoch, anders als manchmal suggeriert, nicht eng verwandt, obwohl die Hölzer optisch verwechselt werden können. Dazu trägt auch das oft seifige Gefühl bei, das beim Berühren des Holzes entsteht. Es sind natürlich nicht nur die traumhaften Talente, die das im internationalen Handel auch „Yellow Balau" genannte Bangkirai so beliebt machen. Es ist schlichtweg auch deutlich billiger als heimische Varianten wie Eiche oder thermisch behandelte Buche. Und damit sind wir bei der Schattenseite von Bangkirai. Die Bäume, die diese Holzart liefern, sind zwar alles andere als selten; die Art gilt nicht im Geringsten als gefährdet.

Und dennoch mahnen Umweltschützer zu Recht, beim Kauf von Bangkirai-Produkten genau hinzuschauen. Um das Holz zu gewinnen, werden häufig große Waldgebiete dem Raubbau ausgesetzt, bei dem viele Tier- und Pflanzenarten verschwinden. Und wo Forsten stehen, wurde natürlich gewachsener Urwald geopfert.

Nicht gefährdet, aber auch nicht unbedenklich

Viele Anbieter wissen um das gewachsene Bewusstsein der Holz-Käufer und bekleben ihre Ware mit phantasievoll gestalteten Siegeln. Sie sollen Nachhaltigkeit beweisen. Experten warnen jedoch, dass diese Siegel von der Industrie schlicht selbstgemacht und somit wertlos sind. Als besonders zuverlässig, weil unabhängig und recherchestark, gilt die Organisation FSC, die das gleichnamige Gütesiegel nur genau geprüften Anbietern verleiht. Man muss suchen, aber es gibt mittlerweile auch Bangkirai mit FSC-Siegel.

Einmal verbaut, versprechen Bangkirai-Böden im Freien eine Haltbarkeit von bis zu 25 Jahren, sofern Regenwasser überall stets gut abfließen kann. Nicht einmal ein ständiges Nachölen ist nötig, das fast ausschließlich dem Erhalt der Farbe dient. Viele Gartenbesitzer schätzen das kräftige Grau, das nach wenigen Jahren auf Bangkirai entsteht. Wie bei Lärche auch, schützt diese Grau-Schicht sogar das darunter liegende Holz. Und das ist natürlich auch ein wunderbares Argument für alle, die schlicht keine Lust haben, alle drei Jahre ihre Terrasse zu streichen! (AD)

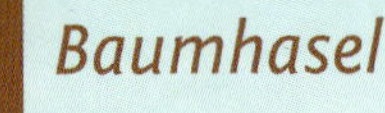

Kostbarer Schatz im Dornröschenschlaf

Die Früchte der Baumhasel sehen denen der Gemeinen Hasel (Haselstrauch) sehr ähnlich, sind aber am Baum anders angeordnet als die Strauchnüsse.

Fotos: Peter Gwiasda; Wikimedia commons: Jean-Pol Grandmont, Lottis 80

Bis in die Neuzeit lieferte die Baumhasel kostbares Material für feine Möbel. Ähnlich der Eibe wurde die Baumhasel exzessiv genutzt. Daher ist sie in ihren Ursprungswäldern im Balkan sehr selten geworden. Mittlerweile ist sie bei uns aber als Zierbaum in Städten und Parks zu finden.

Baumhasel (Corylus colurna)

Natürliche Verbreitung: Balkan bis Afghanistan

Höhe: 35 Meter
Mittlere Rohdichte: 610 kg/m³
Höchstalter: 330 Jahre

Dass es Haselnusspflanzen nicht nur in Strauch-, sondern auch in Baumform gibt, ist selbst den meisten Förstern unbekannt. Nur einige wenige, wie etwa der Förster Eckhard Richter aus dem hessischen Lich wissen um die Existenz des Baumes, der ursprünglich in Südosteuropa und Kleinasien vorkam. Das Holz des Hasel-Baumes war über das Mittelalter hinaus auch bei uns ein begehrtes Holz für Möbel. Doch die Nachfrage nach dem feinporigen, rötlichbraunen Material nahm irgendwann überhand und das vernichtete große Teile der Bestände. Als Gärtner und Förster im 19. Jahrhundert begannen, alle möglichen Baumarten als Zierde in Parks, Alleen und Wäldern zu pflanzen, waren auch einige Baumhaseln darunter.

Mittlerweile wird das Holz teuer gehandelt – Preise zwischen 450 und 800 Euro pro Festmeter (Euro/fm) können erzielt werden, hat Förster Richter, Revierleiter vom Licher Forstamt in Wettenberg recherchiert. Das ist deutlich mehr, als für die Standard-Hölzer Werteiche (bis zu 600 Euro/fm) oder Buche (bis zu 200 Euro/fm) momentan bezahlt wird. Die Baumhasel kommt heute kaum noch im Waldbestand vor. Doch als Straßen- oder Parkbaum ist er hierzulande inzwischen durchaus häufig anzutreffen. Eckhard Richter setzt sich dafür ein, dass der Baum bei uns forstlich angebaut wird.

Er möchte damit beweisen, dass sich die Baumhasel als Wertholzproduzent eignet. Inzwischen gibt es kleine Versuchsarreale in Deutschland und Österreich. In kleineren Mengen kann man Baumhasel über das Internet kaufen oder darauf hoffen, dass sich bei einer notwendigen Baumfällung durch Städte und Gemeinden eine Kaufgelegenheit ergibt. Wer in Besitz des Holzes kommt, erwirbt einen kleinen Schatz.

Denn die feine Struktur des Holzes, das auch Türkischer Nussbaum genannt wird, macht jedes Projekt zum Schmuckstück, ob gedrechselt, geschnitzt oder in einem Möbel verarbeitet. Die Farbe erinnert ein wenig an den Rot-Ton der Buche, während die Maserung Markstrahlen zeigt wie gefladerte Eiche. Geschliffen fühlt sich Baumhasel-Holz genauso seidig an wie Eibe, die ein ähnliches Schicksal hat wie die Baumhasel. Auch Eibe war lange Zeit sehr begehrt (vor allem unter Bogenbauern) und ist hierzulande selten geworden. Doch für die Eibe gibt es gute Nachrichten: Ihre Bestände wachsen laut der Angabe auf der Website des IUCN (Rote Liste der Bedrohten Spezies).

Feine Struktur für edle Projekte

Die Anbauversuche sollen zeigen, ob der Baum, der Minustemperaturen bis zu 30 Grad aushält, als Waldbaum in Zeiten des Klimawandels auch für unsere Heimat geeignet ist. Bereits im 19. Jahrhundert gab es die Erkenntnis, dass die Baumhasel hier gute Bedingungen für den Anbau vorfindet. Sie braucht nicht viel Wasser, kann also auch auf trockenen Böden gedeihen. Ihre Früchte, ebenfalls Haselnüsse wie bei der Strauchform (Gemeine Hasel, Corylus avellana), sind etwas weniger intensiv im Geschmack. Das darin enthaltene Öl wird mitunter auch für Ölfarben verwendet. In ihren bis zu 330 Lebensjahren wächst die Baumhasel vergleichsweise rasch.

Viele Baumhaselvorkommen auf dem Balkan wurden bis zum Ende des 19. Jahrhunderts so stark ausgebeutet, dass anschließend Tropenhölzer wie Mahagoni als Ersatz im Möbelbau verwendet wurden.

Dabei hat das feinporige Holz sehr gute Eigenschaften für vielseitige Projekte. Neben der vielgelobten feinen Struktur und der stark ausgeprägten schönen Maserung hat das Holz fast die gleiche Härte wie Ahorn (Baumhasel: 610 kg/m³; Ahorn: 630 kg/m³). Es ist etwas druckfester (62 N/mm² im Vergleich zu 51 N/mm² beim Bergahorn) und biegefester (127 N/mm² im Vergleich zu 95 N/mm² beim Bergahorn). Es ist gut spaltbar, muss aber sehr langsam trocknen, da es zum Reißen neigt. Es schwindet nur wenig. Weitere Informationen gibt es unter www.waldwissen.de.

Unser Autor, Drechsler Peter Gwiasda, arbeitet gern mit dem pflegeleichten Holz, das sich mühelos auf Hochglanz bringen lässt und fast keine Oberflächenbehandlung mehr zu benötigen scheint. Seine Schale im Bild oben ist unbehandelt. Den Glanz hat er allein durch Schleifen erreicht. (SEN)

Warenlager mit Wurzeln

Das Grün der jungen Birkentriebe begründet den Ruf des Baumes als Fruchtbarkeitssymbol.

Kaum ein Baum hat so viel zu bieten wie die Birke: Der Saft, die Rinde, die Blätter und nicht zuletzt das Holz sind für den Menschen von jeher von großem Nutzen. Zäh ist der variantenreiche Baum obendrein.

Fotos: Pixelio, Firma Sirch

Birke (Betula, Hänge- und Moorbirke)

Verbreitung: Europa und Asien, Hängebirke: südlich bis Süditalien; Moorbirke nördlich bis Lappland

Stammhöhe: bis zu 30 Meter, Stammdurchmesser: bis zu 60 cm
Mittlere Rohdichte: 650 kg/m³
Hochstalter: Moorbirke bis zu 180 Jahre

Für Sperrholz wie gemacht: Für zahlreiche Produkte wird gut formbares Birkenfurnier eingesetzt.

Sie ist die Erste. Gibt es eine Industriebrache zu besiedeln, eine vom Sturm geschlagene Lichtung zu bevölkern oder vor allen anderen Bäumen einen Standort zu erobern: Die Birke macht es. Sie trotzt nordischer Kälte ebenso wie großen Höhen und kann als echtes Pioniergehölz sogar in einer schlecht gereinigten Dachrinne ihre Wurzeln schlagen. Eine Handvoll Erde genügt ihren Samen als Grundlage. Es ist also kein Wunder, dass dem lindgrüne Zähigkeitswunder in vielen ationalmythologien große Verehrung entgegengebracht wird. Genau genommen ist es nicht eine, sondern es sind rund 50 verschiedene Arten, die unter die botanische Gattung Birke fallen. In Mitteleuropa sind vor allem die Hängebirke und die charakteristisch weiß glänzende Moorbirke anzutreffen. Letztere ist es, die selbst auf Island und am kältesten Punkt der Erde in Ostsibirien wächst. Ihre Frosthärte ist, so vermuten Forscher, den ätherischen Ölen zu verdanken, die Birken in ihren Zweigen, Knospen und Blättern ablegen. Deshalb trotzen Birken auch Kälteeinbrüchen im Frühjahr besonders gut: Ihre grüne Pracht übersteht bis zu- 6 Grad Frost.

Großer Nutzen quer durch den ganzen Haushalt

Sowohl Hänge- als auch Moorbirke sind für den Menschen seit Urzeiten ein regelrechtes Warenlager; es gibt kaum einen Teil des Baumes, der nicht genutzt werden kann. Birkensaft etwa war einst im Frühjahr ein beliebtes Getränk. Der Reisig gilt, zusammengebunden, noch heute als ein Besen von unschlagbarer Qualität vor allem für grob gepflasterte Flächen. Die nahrhafte Wachstumsschicht (Kambium) wurde einst als Notration getrocknet, die Rinde deckte Häuser, dichtete Kanus und diente als Schreibmaterial. Und schon in der Steinzeit wussten die Menschen aus Birkenrinde gewonnenes Pech als den Superklebstoff ihrer Zeit einzusetzen. Die Blätter werden heute noch geschätzt: Wenn sie in heißem Wasser ziehen, lindern sie als Tee allerlei Zipperlein wie Wassersucht und Gicht. Die Wirkung von Birkenhaarwasser ist unter den Kahlköpfigen dieser Welt allerdings bis heute umstritten. Ganz außer Frage steht dagegen der Nutzen, den das Holz der Birke liefert: Der Trend zum skandinavischen Wohnen hat das helle Birkenfurnier massenhaft auch in die Wohnräume Mitteleuropas gebracht. Das cremige Beige des Holzes, das bis rötlich und hellbraun spielen kann, ist dabei typisch Birke. Das Gleiche gilt für den leichten Glanz des Holzes.

Als Furnierlieferant gar nicht wegzudenken

Der Baum passt sich unaufdringlichem Möbel-Design mit seiner an sich unspektakulären Maserung gut an. Der nur aus Splintholz bestehende Stamm der Birke kann jedoch ab und an mit Wimmerwuchs hervorstechen: Die Fasern verlaufen dabei wellig und geben so ein besonders interessantes Bild für Furniere ab. Attraktive Kräusel im Holzbild hingegen liefern Maserbirken. Anders als beim Wimmerwuchs ist dafür nicht der Standort oder der Baum mit seinen Genen verantwortlich, sondern eine Insektenlarve. Sie schädigt bei Maserbirken das Kambium und die Wachstumsschicht schließt dann kleine Hohlräume ins Holz ein. Die so gezeichneten Furniere werden heute gebeizt und kommen so als optisch fast gleichwertiger Ersatz für Tropenhölzer und auch für Nussbaum zu Einsatz. Die Masse der Birkefurniere findet allerdings ihren Weg in die Presse, um als hochwertiges Sperrholz wieder herauszukommen. Wegen der hohen Elastizität ist dieses Produkt bei Modellbauern sehr beliebt. In drei Schichten verleimt, lässt sich 1,5 Millimeter dünnes Sperrholz aus dem Laubbaum auch über enge Radien um 180 Grad biegen: Das bietet viel Spielraum für gestalterische Ideen mit Schwung. Weitere Einsatzbereiche von geschichteten Birkenfurnieren sind Sportgeräte wie Hockeyschläger. Und als Material für Propeller und andere Flugzeugteile war Birke einst Standard.

Massiv lässt sich Birke sehr gut verarbeiten

Dieser Baum würde sich selbst untreu, wenn nicht auch ihr Massivholz gut nutzen ließe. Es ist nicht allzu hart und lässt sich gut bearbeiten, deshalb ist es bei Drechslern und Schnitzern gleichermaßen beliebt – vor allem zu Beginn ihrer handwerklichen Karriere. Sägeblättern, Hobeleisen und Fräsköpfen belässt die Birke ihre Schärfe weitgehend, was den Standzeiten zugute kommt. Spalten lässt sich das zähe Holz aber schlecht, und das, obwohl es (wenn auch etwas arm an Gehalt) gut als Brennholz taugt. Zwar war Birke einst eines der bevorzugten Hölzer der Holzschuhmacher, aber für den Aufenthalt im Freien ist es an sich völlig ungeeignet: Nur zu gern tun sich Pilze und Schädlinge wie der Gemeine Splintholzkäfer an dem wenig resistenten Material gütlich. Der so bewiesene Mangel an Inhaltsstoffen hat aber auch seine Vorteile: Lacke, Wachse, Öle und auch Leime vertragen sich problemlos mit diesem Holz. Die Produkte der Birke lassen sich also unendlich variantenreich einsetzen. Der Dichter Wilhelm Busch hat in seinem Stück „Die Birke" noch eine weitere Nutzungsmöglichkeit hoch gelobt:

„... Von Birken eine Rute
Gebraucht am rechten Ort
Befördert oft das Gute
Mehr als das beste Wort"

Doch vollkommen zu Recht ist diese Anwendung heute gänzlich aus der Mode gekommen. (AD)

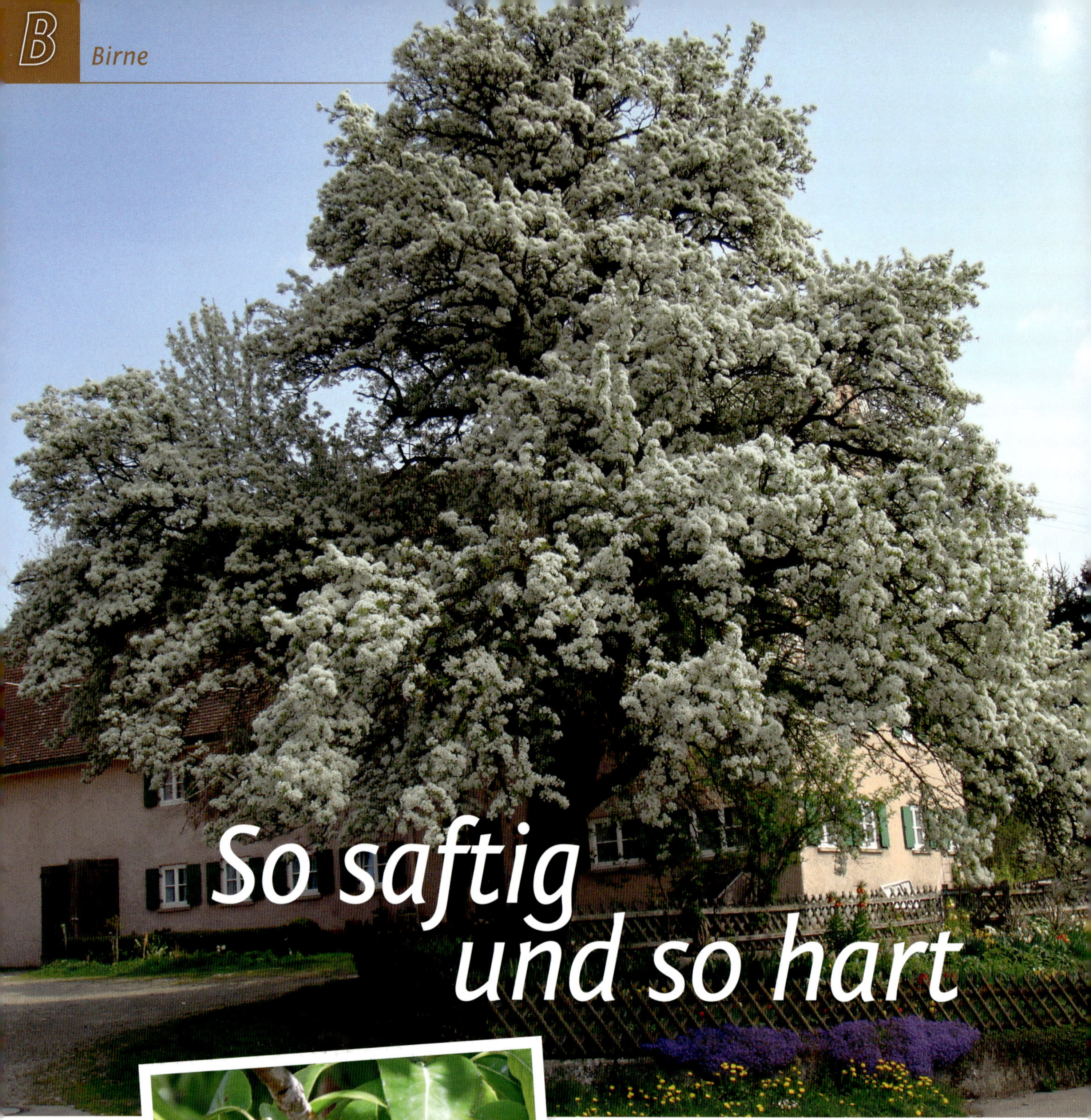

So saftig und so hart

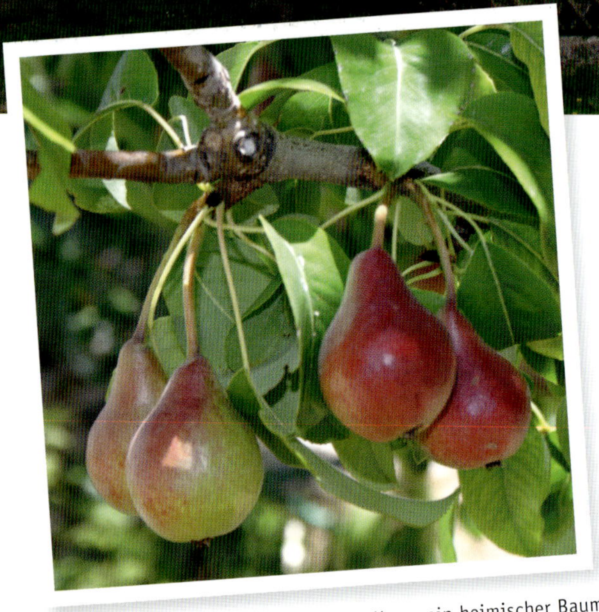

Saftig die Frucht, vielseitig das Holz: Kaum ein heimischer Baum ist kulinarisch wie werkstoffseitig gleichermaßen gut.

Es ist tragisch mit der Birne. Wenn man ihre Früchte ebenso mag wie ihr Holz, kann man doch stets nur eines haben. Tatsächlich gibt es nur wenige Bäume, bei denen beide Produkte so gleichwertig gut sind.

Fotos: wikimedia commons: Josemanuel, Lukas Messmer, Unterillertaler; www.springerle.com, Schnitzer: Hans Neff.

Gemeine Birne (Pyrus communis)

Natürliche Verbreitung: Eurasien, Nordafrika

Höhe: bis 15 Meter
Mittlere Rohdichte: 740 kg/m³
Höchstalter: 100 Jahre

Feine Gebäckformen („Model" genannt) sind seit Jahrhunderten aus dem Holz des Birnbaums geschnitzt.

Andere Obstbäume liefern deutlich schwieriger zu verarbeitendes Holz (Apfel und Pflaume etwa) oder Früchte von eingeschränkter Genießbarkeit (zum Beispiel Speierling). Allenfalls die Kirsche kann es hier mit der Birne aufnehmen, denn sie ist als Holz sehr dekorativ. Das ist die Birne auch, aber zusätzlich richtig hart im Nehmen. Sogar Parkett aus Birnbaum gibt es.

Das Birnbaum-Holz im Handel stammt fast immer von Kulturbirnen, denn Wildbirnbäume stehen in Mitteleuropa meist unter Schutz. Neuerdings kommt auch vermehrt Wildbirnenholz aus Russland in den Handel. Doch warum in die Ferne schweifen? Gerade Drechsler und Schnitzer, aber auch Möbelbauer, die Lust auf feines Holz haben, sollten zugreifen, wenn der Sturm beim Nachbarn einen Birnbaum geworfen hat. Das Trocknen des eingeschnittenen Holzes ist zwar wegen seiner Neigung zu Riss und Wurf ein Glücksspiel, aber das Wagnis wert. Übrigens: Falls Ihr Nachbar zu der leider wachsenden Gruppe von Kaminbesitzern gehört, die bei Holz immer nur an Brennholz denken: „Birnbaum ist nur schwer zu spalten" – mit diesem wahren Satz sollten Sie ihm den Stamm abschwatzen können.

Einmal trocken, steht das Holz der Birne ausnehmend gut. Bis in die siebziger Jahre hinein waren die Büros technischer Zeichner gefüllt mit Linealen und Winkeln aus formtreuem Birnbaum. Er wird wegen seiner Stabilität auch seit jeher gerne für den Formenbau in Gießereien benutzt. Und auch in Bäckereien. So genannte Model für Lebkuchen oder Spekulatius sind aber leider fast nirgends mehr im Gebrauch. Die hochfein geschnitzten kleinen Kunstwerke werden nur noch von einer Handvoll „Mostbaumschnitzern" überhaupt gefertigt. Den Detailreichtum auf wenigen Quadratzentimetern unterzubringen, ermöglicht von den heimischen Hölzern fast nur die dicht gewachsene Birne. Wer einmal in Birnbaum geschnitzt hat, weiß, wie gutmütig sich dieses Holz verhält. Faserausbrüche zum Beispiel sind sehr selten. Beim Drechseln fließen die Späne eines rotierenden Stücks Birnbaum ab wie weiche Butter – ein Erlebnis! Auch mit allen anderen spanenden Methoden ist Birnbaum sehr gut zu bearbeiten.

Das Holz der Birne verbindet man mit einem rötlichen Ton, doch das führt etwas in die Irre. Luftgetrocknet hat es einen weißlich-hellen Ton. Geflammt, mit Markflecken, violett im Kern – solche hübschen Spielarten kommen bei Birnbaum nicht selten vor. Sortiert gehandelter Birnbaum ist jedoch so gut wie immer „frei" davon und wird gedämpft, was erst für den bekannten Rot-Ton sorgt. Vor allem Furniere werden so angeboten. Nach einem regelrechten Boom der Birnbaum-furnierten Möbel in den neunziger Jahren ist diese Mode wieder abgeflaut und die Preise für „Schweizer Birnbaum" haben sich wieder beruhigt. Übrigens: Unter diesem Verkaufsbegriff findet sich auch Elsbeere und Speierling, deren Holz sich mit bloßem Auge nicht von der Birne unterscheiden lässt.

Das zerstreutporige Holz der Birne ist sehr feinfaserig und daher mit guten Klangeigenschaften versehen – das macht den Werkstoff ebenso für den Bau von Musikinstrumenten geeignet. Auch Küchengeräte, Dosen, Schmuck, Bürsten, Eisstöcke und viele andere Gebrauchs- und Sportgeräte lassen sich aus Birne fertigen. Dauerhaften Wasserkontakt oder gar ein Außeneinsatz ist allerdings für Birnbaum nicht empfehlenswert.

Hochaktuell ist die Verwendung von Birnbaum als Ersatz für tropische Produkte. Weil sich das Holz wunderbar beizen und polieren lässt, wurde es schon im 16. Jahrhundert als Ersatz für das teure Ebenholz geschätzt. Die älteste nachgewiesene Verwendung von Birnbaum in Deutschland findet sich auf einem Möbelstück aus dem Jahre 1340. Erhalten geblieben sind über die lange Zeit natürlich vor allem sehr wertvolle Möbel. Das darf aber nicht darüber hinweg täuschen, dass gerade im ländlichen Raum Birnbaum auch für viele Alltagsmöbel verwendet wurde. Leider jedoch mögen nicht nur Menschen die Birne, sondern auch holzzerstörende Insekten und Pilze. (AD)

Edle Anmutung hinter klangvollem Namen

Perfekte Harmonie für Auge und Ohr: Bubinga-Holz aus Westafrika begeistert sowohl im Instrumentenbau als auch in edlen Intarsien.

Das seidig glänzende Rot und der interessante Wechselwuchs machen diese Holzart heiß begehrt.

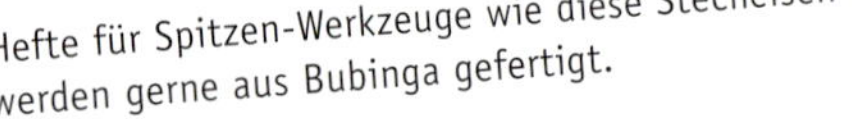

Hefte für Spitzen-Werkzeuge wie diese Stecheisen werden gerne aus Bubinga gefertigt.

Fotos: Flora of Zimbabwe, Bubbybass.com, Andreas Duhme

Bubinga (Guibourtia; G. demeusei, G. tessmannii und weitere)

Natürliche Verbreitung: West- und Zentralafrika von Kamerun bis Zaire

Höhe: bis zu 40 Meter, Stammdurchmesser: bis zu 200 cm
Mittlere Rohdichte: 880 kg/m³
Höchstalter: 180 Jahre

Im Instrumentenbau wird Bubinga seit Jahrzehnten verwendet.

Bubinga, Bubinga: Bei diesem Holz schwingt der ganze sprachliche Reichtum des afrikanischen Kontinents mit. Essingang, Ovang, Waka, Bokongo, Buvenga, Kiombe, Lianu, Luole, Ovang und als Schälfurnier auch Kevazingo: Viele Namen haben die afrikanischen Völker für den Baum und das harte rote Holz, das Möbelschreiner, Intarsienschneider, Schnitzer und Drechsler rund um die Welt so überaus schätzen.

Den Baum? Nicht ganz: Tatsächlich umfasst die Gattung „Guibourtia" mehr als ein Dutzend Arten. Von diesen liefern diejenigen, die im tropischen West- und Zentralafrika wachsen, das im Handel bekannte Produkt „Bubinga". Obwohl die angelsächsischen Länder diesen klangvollen Namen ebenso nutzen, ist das Holz dort auch als „African Rosewood" bekannt. Mit dem echten Rosenholz indes hat Bubinga im engeren Sinne nichts zu tun. Es hat seine ganz eigenen Qualitäten.

Ein namhafter Hersteller von Schlagzeugen fasst die Klangeigenschaften so zusammen: „Akustisch gesehen bietet Bubinga eine sehr interessante Besonderheit: Ein absolut scharfer und aggressiver Attack vermischt sich hier mit unglaublich dunklen und kräftigen Tönen." Der Grund, warum die derart beschriebene Basstrommel aus acht Lagen Bubinga so klingt: Der Natur-Werkstoff ist besonders hart und besonders dicht. Diese Eigenschaften machen das afrikanische Holz nicht zuletzt für Werkzeughefte und für erlesenes Parkett beliebt.

Bis das Holz reif zum Einschlag ist, muss der betreffende Baum zunächst einmal im feucht-warmen Tropenklima heranwachsen. Selbst in diesem Klima schätzen die Bubinga-Lieferanten noch feuchte Standorte wie Uferlinien von Seen und Flüssen. Obwohl die betreffenden Bäume nicht auf der Cites-Liste der gefährdeten Arten stehen, sollte beim Kauf von Bubinga auf die Herkunft aus nachhaltig bewirtschaftetem Bestand geachtet werden. Das bekannte FSC-Siegel hilft dabei, tropische Wälder vor Raubbau zu schützen.

Auf bis zu zweieinhalb Meter hohe Brettwurzeln gestützt, können die westafrikanischen Guibourtia-Vertreter ihrem Holz seine besonderen Eigenschaften verleihen. Splint- und Kernholz lassen sich deutlich voneinander unterscheiden. Der weißlich-graue Splint ist zwar nicht für höhere Zwecke zu verwenden, aber das Kernholz hat es dafür um so stärker in sich: Nach dem Einschnitt, bei dem zunächst ein unangenehmer Geruch in die Nase gelangt, erscheint es rotbraun bis hin zu violett. Bubinga schimmert seidig-glänzend und zeigt eine feine dunkle Aderung. Mittelgroße Poren prägen die Oberfläche, die mitunter mit einem Harz verklebt sind. Besonders wenn sich diese Bereiche zu Harzgallen verdicken, lässt sich Bubinga nicht immer gut verleimen.

Die Wuchsrichtung kann wechseln wie der Wind

Die Fasern im Bubinga-Holz haben es nicht so sehr mit der Geradlinigkeit: Zwar wachsen die Stämme über bis zu 20 Meter astfrei nach oben und bieten so viel nutzbare Strecke. Dafür ändert das Holz innerhalb des Stammes häufig die Wuchsrichtung. Dieser Wechseldrehwuchs lässt Bubinga-Furnier schnell beulig werden und reißen. Gleichzeitig sorgt diese Laune der Natur für wunderschönes Maserspiel, das Bubinga ebenso wie seine physikalischen Eigenschaften so beliebt macht.

Es liegt auf der Hand, dass das harte und schwere Holz die Standzeiten von Werkzeugen verkürzt. Hartmetall-bestückte Schneiden und HM-Werkzeuge sind Standard für die Bearbeitung von Bubinga. Die Inhaltsstoffe des Holzstaubes können zu gesundheitlichen Problemen führen. Und Bubinga staubt stark, was sich spätestens beim Schleifen auf der Drechselbank zeigt. Insgesamt lässt es sich aber auch mit Schnitzeisen und Stechbeitel gut von Hand bearbeiten und nimmt übrigens auch Beize gut an.

In Sachen Stehvermögen zeigt sich das Holz stabil, es reagiert auf Feuchtigkeitsschwankungen daher nur mit normalem Schwund von fünf bis zehn Prozent. Wegen des komplizierten Wuchses muss das Holz jedoch behutsam getrocknet werden. Schädlinge wie der Gemeine Nagekäfer trauen sich durchaus an die afrikanische Schönheit, gleichzeitig ist Bubinga nicht sonderlich gut mit Holzschutzmitteln zu behandeln.

Vor allem in Afrika selbst wird das Holz der Guibourtia-Bäume mitunter zum Bootsbau verwendet. Seine ästhetischen Qualitäten aber zeigt es voll und ganz erst im hochpolierten Zustand, etwa bei gedrechselten Schalen oder feinen Einlegearbeiten. Nicht zuletzt für Gitarren wird Bubinga sehr gerne eingesetzt: Noch eine Gelegenheit, bei der dieses Geschenk Afrikas perfekt zum Klingen kommt. (AD)

Der stille Tausendsassa

Bucheckern: Nahrhaft, aber leicht giftig!

Wenn es unter den Bäumen Mitteleuropas ein Arbeitstier gibt, dann ist das ohne Frage die Rot-Buche: Stühle, Schränke, Küchenutensilien, Furniere, Sperrholz – für fast alles ist ihr Holz gut. Grund genug, den Brot-und-Butter-Baum der heimischen Forsten etwas genauer unter die Lupe zu nehmen!

Rot-Buche (Fagus sylvatica)

Natürliche Verbreitung: Nord- und Mitteleuropa bis Nord-Spanien und Balkan

Höhe: 25 bis 40 Meter
Mittlere Rohdichte: 710 kg/m³
Höchstalter: 300 Jahre

Die Rot-Buche ist wie ein Mittelklasse-Wagen ohne besondere Eigenschaften. Aber: Die meisten Menschen fahren genau solch ein Auto! Der Grund liegt in der Vielseitigkeit, dem praktischen Nutzen und der Verfügbarkeit. Bei der Rot-Buche ist es kaum anders. Sie wächst im gesamten Mitteleuropa und stellt in deutschen Forsten jeden sechsten Baum. Würde der Mensch sie nicht künstlich niederhalten, um auch andere Arten zum Zuge kommen zu lassen, würde die Rot-Buche triumphieren: Fast ganz Europa verschwände unter den üppigen und dichten Kronen aus ovalen, satt-grünen Blätter.

So ziemlich jeder Waldspaziergänger trifft auf seinem Weg einen, meist aber viele der glatten silbrig-grünen Stämme. Diese erheben sich bisweilen über 15 Meter astfrei und schnurgerade in die Höhe: Ein Traum für jeden Sägewerker, und genau daher ist „die Buche" in der industriellen Holzbearbeitung so beliebt. Die Präzisierung „Rot" kann man im Prinzip getrost weglassen, denn die häufig „Weiß-"Buche genannte Hainbuche ist nicht einmal eine Buche. „Fagus sylvatica" ist tatsächlich die einzige nennenswerte echte Buchenart in Europa.

Ihr Stamm wächst zunächst zögerlich, dann aber über Jahrzehnte sehr schnell, bis sich im Alter die Krone stark verdichtet. Der Stammdurchmesser liegt bei bis zu anderthalb Metern. Der Reifholzbaum hat in jungen bis mittleren Jahren keinen sichtbaren Übergang zwischen Splint- und Kernholz. Erst im Alter kommt es häufig vor, dass der Kernbereich sich dunkelbraun einfärbt. Das galt früher als unverzeihlicher Holzfehler, heute jedoch ist man auf den Geschmack gekommen: Als Parkett zum Beispiel ist „Kernbuche" ebenso wie verkernte Esche nun leicht zu bekommen.

Ist das Holz vom Dampf noch heiß und die Fasern von Feuchtigkeit gesättigt, lässt sich Buche in kleinen Querschnitten wunderbar biegen. Der Grund dafür sind ihre kurzen Fasern. Der Tischler Michael Thonet aus Boppard entwickelte im 19. Jahrhundert ein Verfahren mit einem Stahlband, das große Faserausbrüche auf der Außenseite des Bogens verhindert. Sein Kaffeehausstuhl „Nr. 14" aus Buche (dunkel gebeizt und mit geflochtenem Sitz) setzte dann von Wien aus seinen Siegeszug um die Welt an. Bis heute wurde er rund 50 Millionen Mal produziert.

Nach dem Dämpfen und Trocknen von Buchenbohlen und -brettern bekommt der Möbelbauer ein homogenes, schweres Laubholz an die Hand. Es ist recht hart und lässt sich mit allen gängigen Maschinen problemlos verarbeiten. Beizen und Leimen, Ölen und Lackieren ist bei Buche problemlos möglich. Geschälte Furniere bilden den Grundstoff für viele Arten von Holzwerkstoffplatten und die Fassade für viele Gebrauchsmöbel. Für zahlreiche Kleinteile – vom Küchenlöffel bis zum Untersetzer – wird Buche gerne genommen.

Direkter Wasserkontakt sollte allerdings vermieden werden, und auch für Feuchträume ist Buche nicht geeignet. Schutzstoffe wie Gerbsäure hat die Buche nicht in sich, weshalb sie draußen schnell von Schädlingen angegriffen wird und verrottet. Doch selbst diesen Nachteil weiß die moderne Holz-Wissenschaft auszumerzen. In riesigen Backöfen behandelte Thermo-Buche kann für Gartenstühle und ähnliches fast genauso gut eingesetzt werden wie Teakholz. (AD)

Das erfolgreichste Holz-Möbel: Natürlich aus Buche!

Nicht verkerntes Buchenholz ist, anders als es der Name Rot-Buche unterstellt, blässlich-weiß, allenfalls blassrot. Meist wird das Holz jedoch gedämpft und bekommt dadurch, wie etwa auch Birnbaum, ein kräftiges Rot. Das Ziel des Dämpfens (meist vor der Trocknung in Kammern) ist aber nicht diese Farbveränderung. Vielmehr baut es Spannungen im ansonsten rissfreudigen Buchenholz effektiv ab.

Nutzholz für alle Einsatzzwecke: Fallen aus Rot-Buche machen jährlich abertausenden Mäusen den Garaus.

Hart im Nehmen, aber mit Charme

Die eiförmig-spitzen Blätter lassen an eine Buche denken: Doch die Weißbuche ist mit ihr nicht verwandt.

Wenn es unter den Hölzern Europas ein echtes Arbeitstier gibt, dann ist das wohl unbestritten die Hainbuche. Auch als Weiß- und als Hagebuche bekannt, stellt sie die abriebfesten Sohlen für die meisten Holzhobel. Und sie hat darüber hinaus noch viele Vorzüge.

Weißbuche/Hainbuche/Hagebuche (Carpinus betulus)

Natürliche Verbreitung: Mittel- und Südeuropa (außer Iberische Halbinsel), Westasien

Höhe: bis 30 Meter
Mittlere Rohdichte: 800 kg/m³
Höchstalter: 150 Jahre

Wenn sich zur Zeit des Dreißigjährigen Krieges Söldner nachts an eine verschlafene kleine Stadt heranpirschten, dann war es meist keine Stadtmauer, die ihnen Kopfzerbrechen machte. Mauern hatten schließlich nur die ganz reichen Städte. Stattdessen wetzten die Kriegsleute ihre Äxte und machten sich daran, die zum Teil viele Meter breite Wehrhecke um die Siedlung zu zerteilen.

Solche Hecken, auch Knick oder Gebück genannt, umbargen die Städte als natürlicher Schutzwall. Sie waren planvoll angelegt und mittendrin als wichtigster Bestandteil stand: die Hagebuche. Schon in jungen Jahren wurden eigens angepflanzte Exemplare reihenweise umgeknickt und angeschlagen. Sie trieben schnell wieder aus und bildeten mit Dornengewächsen über die Jahre ein undurchdringbares Dickicht. Die Namen Hain- und Hagebuche hat „Carpinus betulus" aus dieser Zeit. Noch heute wird die Hainbuche als Gartenpflanze geschätzt.

Wegen der gelblichen-weißen Farbe wird der Baum auch Weißbuche genannt. Nur: Eine Buche ist er nicht, er gehört vielmehr zur Familie der Birkengewächse. Lediglich die eiförmigen-spitzen Blätter und glatte, graue Rindenpartien erinnern an die Rotbuche.

In der Natur haben die beiden vermeintlichen Geschwister sogar ausgesprochen unterschiedliche Vorlieben. Die Hainbuche ist dabei deutlich zäher und wächst sogar im schattigen Bereich der Wälder. Ein Standort, mit dem viele vermeintlich edlere Bäume nicht leben können.

Frei stehend und natürlich gewachsen kennzeichnen den Stamm der Hagebuche die zahlreichen Auswülstungen, die den Stamm-Querschnitt eher wie ein Zahnrad denn wie einen Kreis aussehen lassen. Diese „Spannrückigkeit" begrenzt mit einem Hang zu bogenförmigem Wuchs (Krummschäftigkeit) die nutzbaren Dimensionen des Holzes.

Versteckte Talente hinter unscheinbarer Optik

Doch dieses Holz hat Gehalt: Es ist das dichteste überhaupt, das in Europa wächst. Die Dichte erklärt sich unter anderem dadurch, dass im Holzgefüge nur sehr wenige, zerstreute Poren vorkommen. Splint- und Kernholz der Weißbuche sind von der Farbe her nicht zu unterscheiden, die meist welligen Jahrringe zeigen sich nur undeutlich. Tangential angeschnitten ist Weißbuche ein unscheinbares Holz und zeigt kaum Fladerung.

Also ein eher unspektakulärer Waldbewohner? Mag sein. Die Qualitäten der Hainbuche zeigen sich nun einmal erst so recht in der Werkstatt. (Unter Dach und Fach muss der geschlagene Stamm übrigens schleunigst, weil er ein Festessen für Pilze und Insekten ist.) Das Holz ist durch seinen dichten Wuchs außergewöhnlich hart und druckfest. Schneiden von Maschinen und Handwerkszeug setzt diese geballte Masse natürlich einiges entgegen, so dass Weißbuche als eher schwer zu bearbeiten gilt. Hinzu kommt eine für hiesige Breiten nennenswerte Menge von Mineralien, die im Gefüge des Baums eingebunden ist. Diese setzen Schneiden ebenfalls zu. Auch das Verleimen kann problematisch werden und die Oberfläche der Weißbuche neigt zum Vergilben. Zum Drechseln hingegen eignet sich das Holz gut. Richtig starke Auftritte hat die Hainbuche, wenn sie hart geprüft wird.

Sehr viele der gängigen Hobelsohlen und Stechbeitelhefte sind aus diesem Holz gefertigt. Auch für Hack-Klötze und für Bürstengriffe, fürs Billard-Spiel und Gymnastikgeräte setzt man noch heute gerne das massige Holz der Weißbuche ein. Den dichten Wuchs schätzen nicht zuletzt Instrumentenbauer: Die Hämmer in fast jedem Klavier sind aus diesem Holz und viele weitere Teile der Mechanik dazu. Den hohen Widerstand gegen Abrieb und Druck haben früher viele Konstrukteure und Zimmerleute für mechanisch hoch beanspruchte Teile genutzt. Zum Einsatz kam die Hainbuche unter anderem im Inneren von Mühlen: Deren Zahnräder sind für den Holzbereich extremen Druckbeanspruchungen ausgesetzt.

Es nimmt dann doch Wunder, dass die Weißbuche trotz dieser eher deftigen Eigenschaften im Französischen mit „Charme" einen sehr anmutigen Namen hat. Im Deutschen hat die Hagebuche Spuren hinterlassen, die deutlich gröbere Züge haben. Landsknechte, Bauern und Köhler hatten einst viel mit diesem Baum zu tun, der so zäh, bisweilen knorrig und auch sehr besonders ist. Allmählich blieb das Wort „hainbüchen" auch an diesem knorrigen Menschenschlag hängen, der wohl auch gerne Geschichten erzählte. Und so klingt die Hagebuche auch heute noch mit, wenn wir etwas ganz und gar hanebüchen finden. (AD)

Hobelsohlen und Werkzeughefte sind die bekanntesten Anwendungen der harten und widerstandsfähigen Weißbuche.

Grünes Elfenbein in Bestform

Unscheinbar ist der Buchsbaum, altbekannt aus vielen Gärten. Was viele nicht wissen: Sein Holz ist in seiner Schlichtheit sehr reizvoll und in seiner superdichten Struktur fast unübertroffen. Grund genug, einen genaueren Blick darauf zu werfen!

Aus vielen Gärten bekannt: Blütenknäuel des „Buxus sempervirens"

Fotos: Wikimedia Commons: Juan de Vojnikov, Ryan Gabbard, 3268zauber

Gewöhnlicher Buchsbaum (Buxus sempervirens)

Natürliche Verbreitung: Mittelmeer bis Britische Inseln

Höhe: 10 Meter
Mittlere Rohdichte: 900 kg/m^3
Höchstalter: 600 Jahre

Er ist klein, der Buchsbaum: Selbst in freier Wildbahn wird er nie größer als zehn Meter und selten höher als fünf. Der Stammdurchmesser bleibt ebenfalls bescheiden. Den meisten von uns ist er in erster Linie als hübsche, immergrüne Beet-Umrandung oder allenfalls als mannshoher Strauch ein Begriff. In dieser Form ist der „Gewöhnliche Buchsbaum" (Buxus sempervirens) schon seit der Antike geschätzt, wenn nicht gar vergöttert: Der Historiker Theophrast berichtete wohl schon im vierten Jahrhundert von diesem Baum, der als einer von ganz wenigen der Gehölze in den milderen Klimagebieten das ganze Jahr über seine Blätter behält. Vom altgriechischen Wort „pyxis" für ein feines Schmuckbehältnis leiten sich wahrscheinlich sprachlich unsere „Büchse" und auch der „Buchsbaum" ab. Das Gleiche gilt im Englischen mit „box" und „boxwood".

Das Immergrüne als Zeichen von Ewigkeit schätzen Katholiken vielerorts noch an Palmsonntag, indem sie geweihten Buchsbaumschmuck statt Palmenblättern verwenden. In der italienischen, englischen und vor allem der französischen Gartenbaukunst nehmen kunstvoll beschnittene Buchsbaumhecken seit dem Barock eine tragende Rolle ein.

Er ist klein, der Buchsbaum, und er macht sich nach dem Einschlag sogar noch kleiner. Kaum ein europäisches Holz schwindet bei der Trocknung so stark. Bis zu 27 Prozent seiner Dicke kann Buchsbaum verlieren. Leider neigt alter Buchsbaum auch noch dazu, krummschäftig zu wachsen und im Querschnitt nicht rund; außerdem können sich Risse sehr tief ins Holz ziehen. Kurzum: Ein armlanges Stück Buchsbaum in bester Qualität zu bekommen, ist ein Glücksfall. Schon deshalb wird wertvoller „Buxus sempervirens" immer nur für sehr kleine und feine Arbeiten genommen: Gestrehlte Gewinde zum Beispiel von der Drechselbank, Fadeneinlagen an Möbeln oder sehr kleine Schnitzereien.

Doch ist es nicht die Seltenheit an sich, die Buchsbaum-Holz so beliebt macht: Vielmehr geht die gelblich-warme Farbe (die manchmal einen grünen oder braunen Stich hat) durchs ganze Holz. Einmal getrocknet, lassen sich Splint- und Kernholz nicht mehr unterscheiden. Ganz besonders ist die außergewöhnliche Härte und Dichte des Buchsbaum-Holzes und seine Feinporigkeit: Es lässt sich auf den ersten Blick nicht sagen, ob man bei einer Fläche aufs Langholz oder aufs Hirnholz schaut. Diese Homogenität des Materials lässt Kunsthandwerker schwärmen und bringt Vergleiche mit dem ebenso faszinierend gewachsenen Elfenbein auf. Buchsbaum lässt sich denn auch sehr schwer spalten, neigt aber quasi überhaupt nicht zum Splittern.

Gerade dieser Doppel-Vorteil – optisch angenehm und mechanisch hoch belastbar – bringt Buchsbaum-Holz in eine Sonderrolle. Die Buchdruckkunst setzte lange auf dieses Material, und durch Abnutzung bedrohte Bauteile wie Webstuhlkomponenten wurden ebenso gerne aus „Buchs" gemacht. Es lässt sich sehr gut glätten und polieren und kann daher besonders gut gleitend verwendet werden: Perfekt etwa für die Weberschiffchen. Das Holz nahm die Rolle von Stahl ein, als dieser noch nicht verfügbar war.

Gleichzeitig wurden und werden hochwertige Kunsthandwerksprodukte wie Intarsien aus Buchsbaum produziert. Besonders bekannt sind natürlich Schachbretter: Die weißen Felder und Figuren bestehen sehr oft aus Buchsbaum, aber die schwarzen ebenfalls. Und das, obwohl das extrem dichte Holz zum Beispiel Wasserbeize nur sehr schlecht aufnimmt. Heute gibt es sehr aufwändige Verfahren mit Vakuum-Technik und Spezialchemikalien, die es ermöglichen, auch Buchsbaum zu färben. Dieses „Ebonisieren" lässt Buchsbaum zum Austauschholz für tropisches Ebenholz werden.

Apropos Austauschholz: Durch die Jahrhunderte währende Beliebtheit ist europäischer Buchsbaum kaum mehr anders denn als Zierstrauch anzutreffen, auch nicht in seinen angestammten Wuchsgebieten vom Mittelmeer bis England. Schon seit Jahrzehnten wird intensiv nach Austauschhölzern gesucht, zunächst bei den botanischen Verwandten des „Gemeinen Buchsbaums". Hier nutzt man heute auch chinesische, japanische und afrikanische Mitglieder der Familie „Buxacea", ebenso andere Bäume mit ähnlichen Eigenschaften, aber ohne eigentlichen Bezug zum „Original" (Maracaibo-Buchsbaum).

Wer aus seinem Garten oder aus anderer Quelle ein Stück des immergrünen Elfenbeins nutzen will, sollte dies nach behutsamer und langer Trocknung unbedingt versuchen. Allerdings: Buchsbaum ist in allen seinen Bestandteilen giftig und kann Haut- und Nasenprobleme hervorrufen. Daher unbedingt auf gute Staubkontrolle achten! (AD)

Die extrem dichte Faserstrukturen ermöglichen Miniatur-Schnitzereien wie diese aufklappbare „Betnuss" aus Buchsbaum (Foto etwa Originalgröße)

Magisch und von schlagender Qualität

Ausdrucksvolle Masken aus Cocobolo gehören zu den Spitzenprodukten des lateinamerikanischen Kunsthandwerks.

Es war das Holz, aus dem die Schamanen im Dschungel Mittelamerikas ihre Heilkünste bezogen: Das schwere, rot-braune Cocobolo. Heute begeistert das Holz Drechsler, Intarsienkünstler und Messermacher mit seinem dichten Wuchs, der intensiven Farbe und der Möglichkeit, es zu einem echten Glanzstück zu polieren.

Fotos: Firma Fritz Kohl, Firma Drum Workshop, Firma Cocobola, Jan Sevcik

Cocobolo (Gattung: Dalbergien, im Handel vor allem: Dalbergia retusa)

Natürliche Verbreitung: Pazifikküste von Kolumbien bis Süd-Mexiko

Höhe: bis 20 Meter, Stammdurchmesser bis 50 cm (unregelmäßiger Wuchs)
Mittlere Rohdichte: 1.050 kg/m³
Höchstalter: Mehrere hundert Jahre

Wo sich Atlantik und Pazifik am nächsten sind, im Süden Panamas, gibt es heute noch Dörfer, in denen mindestens in jeder zweiten Hütte Cocobolo beschnitzt wird. Einstmals fertigten die indigenen Völker der Wounaan und der Embera Hausgeräte und vor allem die Heil-Stäbe ihrer Priester aus dem edlen Holz. Cocobolo kommt von Kolumbien im Süden bis Mexiko im Norden die ganze Pazifikküste hinauf vor.

Erst seit etwa 30 Jahren produzieren die Schnitzer auch Skulpturen und andere Ziergegenstände, die für den Verkauf und den Export bestimmt sind. Ihre Kunstfertigkeit und Ausdauer – Cocobolo ist mit Handwerkzeugen nicht gerade leicht zu bearbeiten – steht der Schönheit des Materials dabei in nichts nach.

Cocobolo ist das Produkt mehrerer eng verwandter Laubbäume; der bekannteste unter ihnen „Dalbergia retusa". Bekannt ist die hohe Qualität des Holzes seit über 100 Jahren auch auf dem Weltmarkt. Nicht weniger als 26.000 Tonnen des Holzes hat Panama schon im Jahre 1923 exportiert, haben Historiker errechnet. Der Sog des Weltmarktes führte dazu, dass jetzt verstärkte Schutzmaßnahmen ergriffen werden sollen, auch wenn die Art heute nicht unmittelbar als bedroht gilt. Projekte zur gezielten Anpflanzung der beliebten Bäume laufen bereits und es gibt Cocobolo von nachhaltig bewirtschafteten Flächen.

Der Kernanteil des fein texturierten Edelholzes verändert nach dem Einschnitt seine Farbe von Orange oder Rot-Braun hin zu dunklen Brauntönen. Charakteristisch sind dekorative schwarze Streifen im Kernholz. Der Splint bleibt beigefarben. Seine Farbigkeit rückt Cocobolo optisch bisweilen in die Nähe der vielen Palisander-Arten. Poren sind in dem Holz nur zerstreut zu finden, die in der Regel mit glänzenden-schwarzen Pflanzenbestandteilen gefüllt sind. Cocobolo arbeitet nur sehr mäßig, so dass ihm auch eine feuchte Umgebung wenig anhaben kann.

Ein leichter (Wechsel-)Drehwuchs ist für diesen Star aus Mittelamerika nicht ungewöhnlich, was das Trocknen und den Einschnitt erschwert. Auch in ruhigeren Bereichen verläuft die Faserstruktur eher wellig. Das und die ausgesprochene Härte von Cocobolo machen es zu einem anspruchsvollen Holz in der Maschinenbearbeitung. Es empfiehlt sich etwa, bei Fräsarbeiten ein letztes Mal mit minimaler Spanabnahme über den Arbeitsbereich zu gehen. Dann können, hochwertige Schneiden vorausgesetzt, sehr glatte Oberflächen entstehen. Diese brauchen an sich keine Oberflächenbehandlung (die aber auch möglich ist).

Öl als Oberflächenmittel ist schon eingebaut

Denn wer schon einmal ein Stück Cocobolo in der Hand hatte, der erinnert sich wahrscheinlich an das ölige Gefühl, das auf der Haut zurückbleibt. Die im Öl gelösten Inhaltsstoffe machen das edle Produkt aus tropischen Höhenlagen für Schädlinge besonders unappetitlich. Leider gilt das auch für die Verarbeitung: Cocobolo-Staub kann Reizungen auf der Haut und in den Atemwegen verursachen.

Erfahrene Drechsler, die das Holz besonders gerne verwenden, achten daher auf besonderen Schutz. Vor allem auf der Drehbank kann Cocobolo seine optischen Reize voll ausspielen. Beliebt ist das Holz (wegen des hohen Preises) für kleinteilige Objekte wie Pfeffermühlen, Schachfiguren und besonders Schreibgeräte. Dort wird die sehr gute Polierbarkeit des Holzes gerne genutzt. Darüber hinaus wird es häufig für Griff-Schalen von hochwertigen Messern eingesetzt. An Gewehrschaft und Pistolenknauf ist der Luxus-Werkstoff in vielen Vitrinen exquisiter Waffensammlungen vertreten. Die herausragende Optik von Cocobolo ziert außerdem Musikinstrumente wie Trommelsets und Gitarren. Seine besonders große Dichte und Härte machen das Holz auch zum guten Material für Xylophone und Blasinstrumente – wobei das Mundstück wegen der unangenehmen Cocobolo-Inhaltsstoffe aus anderem Holz geschnitzt sein muss.

Sein außerordentlich dichter Wuchs führt zu einem in der Holzwelt eher seltenen Phänomen: Wird ein Stück Cocobolo ins Wasser geworfen, geht es unter. Diese große Dichte wurde einst außerhalb des mittelamerikanischen Urwaldes gerne genutzt. Während Schamanen dort mit Cocobolo-Stäben heilten, setzten Polizisten in den USA auf die schiere (Schwung-)Masse des Werkstoffs: Viele ihrer Schlagstöcke wurden einst aus Cocobolo gefertigt.

(AD)

Wegen seiner guten Klangeigenschaften und seiner spektakulären Optik wird Cocobolo bei Drumsets gerne verwendet.

Astreiner Star aus den USA

Die reifen Zapfen der Douglasie sind selten aus der Nähe zu sehen – schließlich hängen sie in großer Höhe.

Wenn jemand mit Sorge auf den Klimawandel blickt, dann sind es die Förster. Schließlich müssen sie heute Setzlinge pflanzen, die in 120 Jahren mit völlig veränderten Wetterbedingungen fertig werden.

Douglasie (Pseudotsuga Menziesii und andere Arten)

Verbreitungsgebiet P.M.: Nordamerikanische Pazifikküste, in Europa eingeführt

Höhe: In Europa bis 65 Meter, in Nordamerika bis 130 Meter
Mittlere Rohdichte: 530 kg/m³
Höchstalter: 500, angeblich bis 1.000 Jahre

Der 37 Meter hohe „Wiler Turm" in der Schweiz setzt im konstruktiven Bereich voll auf massige Douglasien-Stämme.

Viele Förster trauen das vor allem den Douglasien zu: Sie überstehen sowohl Trockenheit als auch feuchte Bedingungen besser als andere Nadelbäume. Ihr reicher Harzfluss und ätherische Inhaltsstoffe machen sie abwehrkräftiger gegen Schädlinge. Und ihre herzförmigen Wurzelwerke reichen tiefer ins Erdreich – anders etwa als bei flach wurzelnden Fichten, die kräftige Stürme in der Vergangenheit gleich hektarweise umwarfen. Gut möglich, dass der Einwanderer von der US-Westküste in 100 Jahren zumindest im Forst den heimischen Bäumen den Rang abgelaufen hat. Zum Beispiel der Lärche, die ihr auf den ersten Blick ähnlich sieht.

Zwei Drittel Stamm ohne Äste – besser geht es nicht

Das hätte sich David Douglas wahrscheinlich nicht träumen lassen, als er um 1830 die ersten Kultivierungsversuche in Europa startete. Ort des Geschehens: „Kew Gardens", der königliche botanische Garten bei London. Der schottische Botaniker gab der ganzen Gattung der Douglasien ihren alltagssprachlichen Namen. Man war zunächst uneins, wie die immergrünen Gewächse in die Systematik der Kieferngewächse gehörten. Schließlich bekamen die – wie man heute weiß – weltweit sieben Arten den offiziellen Gattungsnamen „Pseudotsuga" („Falsche Hemlocktanne"). Verbreitete Bezeichnungen wie Douglastanne, Douglasfichte oder „Oregon Pine" treffen den Kern der Sache also nicht richtig.

Die mit Abstand wichtigste Douglasie ist die „Pseudotsuga Menziesii". Sie ist eine von zwei nordamerikanischen Arten und wächst westlich der Rocky Mountains von Kalifornien bis hoch nach British Columbia. Weil sie sogar Waldbrände besser übersteht als andere, ist sie seit 100 Jahren die Lieblingsart der US-Forstindustrie.

Als Treibholz bis nach Hawaii

Der überragende Grund ist dabei aber nicht, dass Douglasien recht schnell wachsen – bis zu einem Meter in drei Jahren. Vielmehr setzt erst nach zwei Dritteln der Stammlänge die schlanke, kegelförmige Krone mit den weichen Nadeln an. Deshalb ist eine sehr lange Strecke frei von Ästen – was für lange Bauteile wie Dachsparren ideal ist. Gleichzeitig erreichen die Bäume auch eine ordentliche Stammdicke von bis zu einem Meter im Forst – und bis zu vier Metern, wenn sie von der Kettensäge unbehelligt bleiben. Die Gesamtlänge ist ebenfalls beachtlich: Die drei höchsten Bäume Deutschlands sind Douglasien, der Spitzenreiter mit rund 64 Metern steht im Freiburger Stadtwald. An der US-Westküste wachsende Bäume erreichen gar bis zu 130 Metern Höhe: Platz zwei in der Weltrangliste.

In Nordamerika wie in Europa (hier wurden nach 1945 massiv Douglasien für schnelle Wiederaufforstungen eingesetzt) ist das Holz dieses Einwanderers sehr beliebt. Der Splintholzanteil ist weißlich und recht dünn, das Kernholz kann gelb bis braun aussehen; es dunkelt ähnlich wie Lärche nach. Typisch ist der besonders scharfe Kontrast innerhalb der Jahresringe. Zwischen dem scharf abgegrenzten, schmalen und dunklen Spätholz und dem weichen und hellen Frühholzbereich. Der scharfe Kontrast macht das Holz auch recht spröde, es kann beim Nageln splittern. Douglasie ist dennoch für fast alle Einsatzgebiete geeignet: Sie ist (als Schälfurnier) Spitzenreiter beim Einsatz für Sperrholz, steckt in vielen der US-typischen Holzständer-Häusern und ist auch in Deutschland für konstruktive Verwendungen voll zugelassen. Dabei kommt dem Holz seine Druckfestigkeit zu Gute. Durch seine Inhaltsstoffe ist es gegen Schädlinge gut geschützt und prima für den Außeneinsatz geeignet: Terrassendielen und Gartenmöbel aus Douglasie sind im Kommen. Aber auch für Innenmöbel macht die im tangentialen Anschnitt kräftig gefladerte Douglasie eine gute Figur. Für die Werkstatt sollte man wissen, dass Douglasie Werkzeuge stärker abstumpft als andere Nadelhölzer. Wie wertvoll ein solches Geschenk aus einem anderen Erdteil ist, das wissen übrigens nicht nur die Europäer: Hawaiianische Ureinwohner schlugen ihre Boote aus Douglasienstämmen. Die bekamen sie frei Haus von der Natur geliefert: Als Treibholz, vom Tausende Meilen entfernten amerikanischen Festland. Davon können wir in Mitteleuropa aber nur träumen. (AD)

Das Holz der Könige: Geradezu legendär!

Meist wird bei Ebenholz das helle Splintholz entfernt. Hier jedoch liefert es einen eindrucksvollen Kontrast.

Ebenholz ist mehr als ein Holz. Es ist eine Legende. In biblischer Zeit galt es als Holz der Könige und danach gab es einer ganzen Berufsgruppe ihren Namen. Wer dabei denkt, dass Ebenholz nichts anderes sein kann als pechschwarz, den erwartet beim genaueren Hinsehen eine Überraschung.

Fotos: Maren Beßer/Pixelio; MisterMatt/WikimediaCommons, Restaurierungswerkstatt Gebr. Schleiffenbaum

Ebenholz (Gattung: Diospyros)

Natürliche Verbreitung: Westliches bis Südöstliches Afrika, Madagaskar und Südostasien

Höhe: ca. 30 Meter
Mittlere Rohdichte: ca. 1.150 kg/m³
Höchstalter: ca. 400 Jahre

Der Ebenist Jean Mace de Blois schuf dieses Prachtstück mit massiven Ebenholz-Schnitzereien um 1650.

Bald darauf bekam sie ein Töchterlein, das war so weiß wie Schnee, so rot wie Blut, und so schwarzhaarig wie Ebenholz." Buchstäblich jedes Kind kennt diese Holzart aus dem Märchen „Schneewittchen". Selbst wer nichts über Holz weiß, verbindet deshalb schwarzes Holz mit Ebenholz. Diese Einteilung ist ebenso simpel wie – falsch.

Als Ebenholzbäume werden zwar allgemein diejenigen Arten der Gattung Diospyros bezeichnet, die sehr dunkles Holz liefern. Von den etwa 200 Diospyros-Arten sind das aber nur etwas mehr als 20. 15 davon aus Afrika und auch Asien liefern die schwarze Qualität. Die zweite Spielart von Ebenholz bilden etwa acht asiatische Arten, aus denen „Gestreiftes Ebenholz" gewonnen wird. Sie werden nach ihrem Haupt-Ausfuhrhafen in Indonesien „Makassar" genannt. Ihre Grundfarbe ist nicht Schwarz, sondern tiefes Dunkelbraun.

Seinen legendären Ruf hat Ebenholz als Holz der Könige sicherlich durch die Art „Crassiflora", die vornehmlich in Kamerun wächst. Sie ist in vielen Abschnitten der kurzen Stämme wirklich pechschwarz, aber es gibt auch graue Bereiche. Der griechische Geschichtsschreiber Herodot berichtet etwa 450 vor Christus darüber, dass die Äthiopier alle drei Jahre 200 Ebenholz-Stämme als Tributzahlung nach Persien schickten: So wertvoll war das überaus dichte und harte Holz, aus dem in biblischer Zeit Zepter und Thron von Königen gefertigt wurden. Ironie der Geschichte: Archäologen sind sich heute gar nicht mehr sicher, ob damals wirklich echtes Ebenholz nach heutigem Verständnis gehandelt wurde oder doch eher die Palisander-Art Grenadill.

Paradoxerweise kommt das heute so genannte „Echte Ebenholz" (Diospyros ebenum), das für seine besondere Schwärze gerühmt wird, denn auch aus Sri Lanka (Ceylon). Diese Sorte ist besonders feinporig und extrem gut polierbar. Sie wurde – gerne in kontrastreicher Kombination mit dem cremeweißen Elfenbein – lange für Klaviaturen, Schachfiguren und Einlegearbeiten verwendet. Doch wie bei vielen Ebenholz-Arten gilt: „Ceylon-Ebenholz" ist durch Raubbau in den vergangenen Jahrhunderten stark dezimiert worden. Heute muss er als gefährdet, wenn nicht gar als vom Aussterben bedroht betrachtet werden.

Dabei ist die rücksichtslose Ausbeutung edler Holzbestände kein ganz neues Phänomen: Nachdem die Niederländer im 16. Jahrhundert Mauritius im Indischen Ozean besiedelt hatten, schlugen sie dort massenhaft Ebenholzbäume. Der europäische Markt gierte nach ihrem Kernholz (der Splint gilt meist als wertlos). 1710 waren alle Bestände erschöpft – und die Kolonialherren verließen die Insel wieder. Wer heute Ebenholz kaufen will, sollte seinen Händler nach der Herkunft aus nachhaltiger Forstwirtschaft fragen oder über den Einsatz von Ersatzhölzern nachdenken.

Das „Echte Ebenholz" ist in Südostasien die Ausnahme, gerade weil es pechschwarz ist. Typischer für die Weltregion ist „Diospyros celebica", das als Makassar im Handel ist. Makassar-Ebenholz hat ein schönes, tiefdunkles Braun mit feinen, im Radialschnitt streifenförmigen Aufhellungen. Es findet heute unter anderem für besonders hochwertige Furniere Verwendung.

Allen Ebenholzarten gemein sind viele grundsätzliche Eigenschaften: Ihr Holz ist außergewöhnlich dicht und behält auch über Jahrhunderte hinweg seine Farbe. Die große spezifische Masse von mehr als einem Kilogramm pro Kubikdezimeter bedeutet: Ebenholz kann nicht schwimmen, sondern geht unter wie ein Stein. Der Bootsbau ist denn auch eher keine typische Anwendung des Holzes.

Ebenholz jeglicher Art neigt zum Splittern und in größeren Breiten auch zum Reißen. Der deutsche Tischler- und Drechslerpapst Fritz Spannagel warnte in seinem Standardbuch „Das Drechslerwerk" vor rund 70 Jahren: „Es ist ratsam, für Arbeiten in Makassarholz keine Garantien zu geben und den Besteller auf das spätere unausbleibliche Verhalten dieses von Natur aus so harten und spröden Materials hinzuweisen." Gemeinsam ist den Ebenholzarten auch ihre Aggressivität, zu der Spannagel schrieb: „Seine Verarbeitung ist für den Drechsler unerquicklich, da es stark auf die Schleimhäute wirkt". Eine gute Absaugung ist daher damals wie heute unabdingbar.

Eine weitere Gemeinsamkeit der Ebenhölzer: Sie lassen sich wunderbar polieren. Das machten sich im 16. und 17. Jahrhundert herausragende Kunsttischler in Paris, Antwerpen und Augsburg zu Nutze. Sie veredelten mit dem damals wie heute kostbaren Makassar ihre Möbel. Das Holz gab dem Beruf schließlich den Namen: Die Einlegekünstler wurden fortan „Ebenisten" genannt. (AD)

Uralter Mythos mit Fanclub

Das wunderschöne Farbenspiel sollte nicht täuschen: An der Eibe ist nur der auffällig rote Samenmantel nicht giftig.

Fotos: Gemeinde Balderschwang, Hans Schulte, Pixelio

Welcher Baum hat schon eigene Fanclubs, Zeitschriften, die sich nur um ihn drehen, und einen zentralen Platz in vielen Mythologien?
Die Eibe hat das alles! Der eigentümliche Nadelbaum fasziniert Menschen seit Jahrtausenden.

Eibe (Gemeine Eibe: Taxus baccata L.)

Verbreitung: Ursprünglich ganz West- und Mitteleuropa (Gemeine Eibe), heute Inselpopulationen

Höhe: bis zu 20 Meter, Stammdurchmesser: bis zu 110 cm
Mittlere Rohdichte: 670 kg/m^3
Höchstalter: bis 1.000 Jahre

Das Holz der Eibe kommt in gedrechselten Objekten besonders gut zur Geltung.

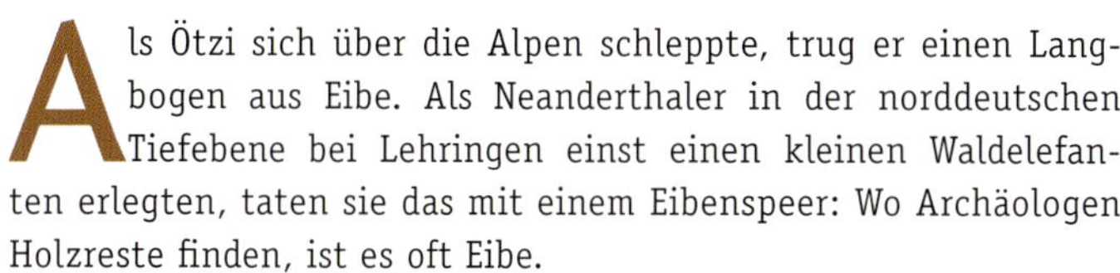

Als Ötzi sich über die Alpen schleppte, trug er einen Langbogen aus Eibe. Als Neanderthaler in der norddeutschen Tiefebene bei Lehringen einst einen kleinen Waldelefanten erlegten, taten sie das mit einem Eibenspeer: Wo Archäologen Holzreste finden, ist es oft Eibe.

Vielleicht ist es das schiere Alter, das die Faszination ausmacht. Der Legende nach kann der Baum über 5.000 Jahre alt werden, seriöse neue Forschungen gehen immer noch von 1.000 Jahren aus. Womöglich ist es auch das etwas skurrile Erscheinungsbild: Oft tritt die immergrüne Eibe mehrstämmig auf, sie wird nicht sonderlich hoch und ihre Nadeln sind so flach, dass sie oft irrtümlich für einen Laubbaum gehalten wird. All das trägt wohl zum Mythos Eibe bei. Ganz sicher gilt das für ihr unvergleichlich schönes Holz, das obendrein noch viele herausragende Eigenschaften hat:

Das Kernholz tritt mit einem markanten Rot zu Tage, das von einem gelblichen Weiß im Splint umgeben ist. Eibenholz dunkelt stark nach und wird dann dunkel-orange bis braun. Es wächst außerordentlich dicht und lässt sich sehr gut polieren. Nicht zuletzt aus diesem Grund ist es bei Drechslern so beliebt, was aber generell auch für Tischler und sogar Wagner gilt. Seine Widerstandsfähigkeit gegen Schädlinge hat Eibe auch einst zu einem beliebten Holz im Wasserbau gemacht. Sein geringes Quell- und Schwundverhalten hat sicher ebenso dazu beigetragen. Es gilt als eines der dauerhaftesten Hölzer Europas. Seine Härte erreicht es während eines extrem langsamen Wuchses über die Jahrhunderte.

Leicht zu bearbeiten ist Eibe allerdings nicht gerade. Schnitte oder Stiche gegen den Faserverlauf enden schnell mit Ausbrüchen. Grund dafür ist der unruhige Wuchs vieler Eibenstämme. Doch wo Schatten, da auch Licht: Gerade der unruhige Wuchs und der Hang zum natürlichen Glanz machen oft schon „normale" Stammabschnitte zu einer herausragenden Erscheinung. Holz und Furnier aus Maserknollen der Eibe hingegen gehören zum den spektakulärsten Schönheiten, die die Pflanzenwelt hervorbringt.

Bezeichnenderweise war es aber nicht die Schönheit des Eibenholzes, sondern seine Kriegstauglichkeit, die es die Menschen im Mittelalter extrem begehren ließ: Eibe ist außergewöhnlich elastisch und mit dieser Eigenschaft perfekt für Armbrüste und Langbögen geeignet. Die Engländer nutzten das als erste massenhaft im 14. Jahrhundert. Ihre von Langbögen aus Eibe abgefeuerten Pfeile konnten die Brustpanzerung eines Ritters noch auf 50 Meter durchschlagen. Das sicherte mehrfach den Sieg über französische Heere – und führte zur gnadenlosen Abholzung der einst recht verbreiteten Eibenbestände auf den Britischen Inseln.

Trotz ihrer Giftigkeit rottete der Mensch die Eibe fast aus

Das Holz wurde zu einer der begehrtesten Handelswaren in Europa, alle Welt lieferte Eiben für die Kriegsproduktion. Historische Schätzungen gehen davon aus, das im Spätmittelalter allein im süddeutschen Raum Jahr für Jahr über 10.000 der Bäume der Axt zum Opfer fielen.

In ihrer Gier nach Eibenholz ließen sich die Menschen auch nicht von der hohen Giftigkeit der Baumbestandteile und auch des Holzes abschrecken. Eibenholz sollte nur mit großer Sorgfalt und mit Atemschutz verarbeitet werden – sonst droht eine Leidenspalette vom Kopfschmerz bis zum Lungenödem. Ein Milligramm „Eibentaxin" im Körper kann tödlich sein. Gleichzeitig wird ein Medikament auf der Grundlage des Eibengifts heute in der Krebstherapie eingesetzt.

Vom Aderlass im Mittelalter hat sich die Eibe in Europa bis heute nicht wieder erholt. Aus der Fläche ist sie bis auf Solitärbäume fast völlig verschwunden. Lediglich in schwer zugänglichen Gebieten wie am Nordrand der Alpen, im Schweizer Hörnli-Gebiet und in der Umgebung, gibt es noch nennenswerte zusammenhängende Populationen.

Unter Holzwerkern gehört es deshalb fast schon zum guten Ton, beim Schlagen eines Eibenstammes einen neuen Schößling zu setzen. Im Internet gibt es zahlreiche Fanclubs und Foren um diesen bemerkenswerten Baum und in Göttingen erscheint gar einmal im Jahr die Zeitschrift „Der Eibenfreund". Diese Wertschätzung lässt Hoffnung keimen, dass die in vielen Ländern unter Naturschutz stehende Baumart dauerhaft überlebt. Es würde nicht verwundern – denn schließlich wird die Eibe auch als Lebensbaum verehrt. (AD)

Der Baum der Bäume

Markant: Die nährstoffreichen Eicheln bildeten früher vielerorts die Grundlage der Schweinemast.

Fotos: Pixelio: Ruth-R., Wikimedia Commons: Rainer Lippert, Altervista

Sie ist einfach allgegenwärtig. Auf Münzen und Geldscheinen, in Namen und Wappen, auf den Rangabzeichen von Soldaten: Überall ist Eiche zu finden. Und natürlich als zweitwichtigster Laubbaum in unseren Wäldern. Das robuste Eichenholz hat nach Jahrzehnten der Missachtung endlich wieder seinen Stellenwert im Möbelbau.

Eiche (Stieleiche, Quercus robur ; Traubeneiche, Quercus petrea)

Natürliche Verbreitung: Britische Inseln bis Ural; Italien bis Mittelschweden

Höhe: bis 40 Meter
Mittlere Rohdichte: 650 kg/m³
Höchstalter: 500 Jahre und älter

Das Grauen hatte einen kurzen Namen: P 43. Wer nach dem Zweiten Weltkrieg etwas auf sich hielt im Wirtschaftswunderland, der kam um schwere, vermeintlich „altdeutsche" Möbel nicht herum. Kennzeichen: Eiche, „rustikal" dunkel gebeizt im Farbton P 43. Als sich der Modetrend legte, war das Image der Eiche über Jahrzehnte gründlich verhunzt. Heute aber erfreut sich das je nach Anschnitt spektakulär gefladerte oder faszinierend gespiegelte Holz wieder großer Beliebtheit – in der Regel ohne rustikale Beize.

Zwei Arten der Eiche sind in Mitteleuropa vorherrschend: Die Stiel- und die Traubeneiche. Sie lassen sich nur auf den zweiten Blick unterscheiden, denn die Stieleiche trägt ihre Früchte eben an längeren Stielen als die Schwester, bei der die Eicheln dicht in Trauben stehen. Insgesamt gibt es rund 400 Eichen-Arten auf der nördlichen Erdhalbkugel, 25 von ihnen spielen im Holzhandel eine Rolle. Vorherrschend sind dabei Weißeichen, wobei mittlerweile auch amerikanische Roteichen in Europa angebaut und angeboten werden. Das Holz von Stiel- und Traubeneiche (beide sind Weißeichen) lässt sich nicht mit bloßem Auge unterscheiden. Typisch für Eichenholz ist das einige Zentimeter breite, gelblich-weiße Splintholz direkt unter der Borke. Es ist für keine Verwendung außer im Kamin einsetzbar und sollte stets bald entfernt werden, um Splintholzkäfern keine Nahrung zu bieten. Der wertvolle Kernbereich ist ringporig, was sich am Hirnholz gut erkennen lässt: Lockerere Frühholzzellringe wechseln sich, klar abgegrenzt, mit festen Spätholzkreisen ab. Sehr markant sind die Mark- oder Holzstrahlen, die jeden Stamm sternförmig durchziehen. Je nach Anschnitt treten sie als überaus attraktive, glänzende Flächen zu Tage, den Spiegeln.

Weil Eichenholz vor allem in Küstenregionen ausschließlich für die Flotte reserviert war, konnte es sich bis zum Aufkommen exotischer Arten als Holz von besonderem Wert etablieren. In der Renaissance verlieh es in England gar einer ganzen Kunstepoche, dem „Age of Oak" seinen Namen. In den Niederlanden etwa gab es gar eine Steuer auf Eichenmöbel. Daher wurde das Luxusgut durch Übermalungen versteckt.

Nirgendwo absolut spitze – aber überall sehr gut

Das Aufkommen exquisiter Tropenhölzer drängte die Eiche weiter in den Untergrund. Der immer noch wertvolle Rohstoff wurde weiterhin als standfester Träger für teure Furniere eingesetzt. Heute mag man Eiche dann wieder direkt: Als Parkett oder als Konstruktionsholz, für Türen und Möbel. Drechsler setzen es eher selten ein und Schnitzer nur, wenn es wirklich auf die Dauerhaftigkeit des Projekts ankommt.

Das harte und recht dichte Kernholz der Eiche erscheint hellbraun bis gelblich-braun und dunkelt im Laufe der Jahre nach. Es lässt sich nicht polieren, hat aber ansonsten nahezu alle Eigenschaften, die man sich von einem Holz nur wünschen kann: Eichenholz ist dauerhaft und sehr gut bei statischen Belastungen (Bauholz) und bei dynamischen Beanspruchungen (Schiffbau). Im Wasserbau, als Gründungspfähle oder als Leitungen war Eiche ebenfalls über Jahrhunderte beliebt: Seine Zähigkeit und vor allem seine Dauerhaftigkeit sowohl lebend als auch geschlagen haben den Baum zu einem Symbol für die Ewigkeit gemacht. In vielen Ländern wird er daher in mannigfacher Form verehrt. Inhaltsstoffe, allen voran die Gerbsäure (Tannin), machten Eichenrinde zu einem Heilprodukt und zu einem wichtigen Grundstoff für das Gerben von Leder. Eichenfässer sind eine Grundvoraussetzung für hochklassigen Wein. Bis zu zehn Prozent des Kernholzes besteht (im frischen Zustand) aus Tanninen. Diese Gerbsäure reagiert sehr stark in Kombination mit Feuchtigkeit und Stahl. Es kommt schnell zu den charakteristischen dunkelblauen Verfärbungen im Holz und auch an den Fingern. Doch genau diese Tannine sind es vor allem, die das Holz so widerstandsfähig gegen Schädlingsangriffe machen. Außerdem ist es dadurch möglich, das Holz unter Einfluss von Ammoniak zu „räuchern" (HolzWerken Mai/Juni 2008). Eine weitere interessante Spielart der Oberfläche bei Eiche ist das Kälken, bei dem die großen Poren weiß gefüllt werden. Bleichen lässt sich Eichenholz übrigens auch. Bevorzugtes Mittel in der Vergangenheit: Die Milchsäure aus dem Sauerkraut. (AD)

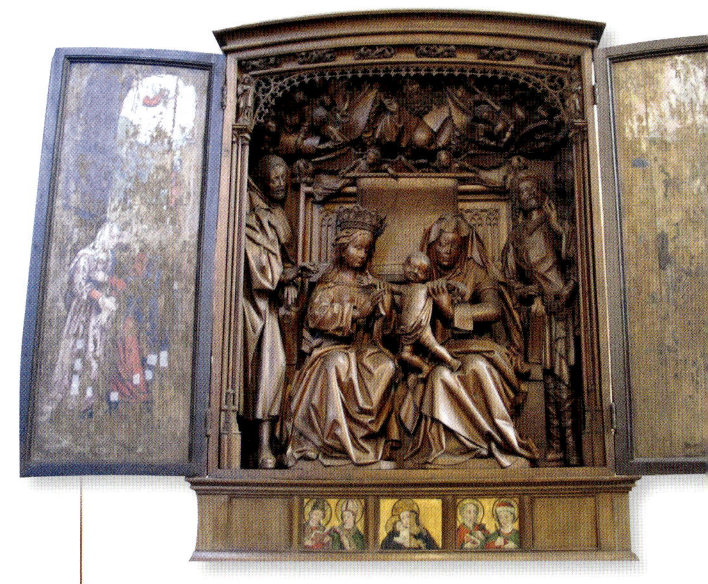

Der Annenaltar in St. Nicolai in Kalkar ist ein bedeutendes Zeugnis frühneuzeitlicher Schnitzkunst. Damit sein Werk ewigkeitsfest wurde, verwendete der unbekannte Meister Eiche.

Die geistreiche Else

Klein wie ein Daumennagel: Die Früchte der Elsbeere liefern exzellente Brände und andere Edelprodukte.

Fast ausgerottet, wieder aufgepäppelt und zum Baum des Jahres 2011 gekürt: Die Elsbeere macht in der Natur und in der Werkstatt eine gute Figur!

Fotos: baum-des-jahres.de/Prof. Dr. A. Roloff; urholz.de/ Thomas Kellner; Wikimedia Commons/Rosenzweig

Elsbeere (Sorbus torminalis)

Natürliche Verbreitung: Mitteleuropa bis Vorderasien und Nordafrika

Höhe: 25 bis 30 Meter
Mittlere Rohdichte: 750 kg/m³
Höchstalter: 300 Jahre

Solche Werke aus Elsbeere fertigt Tischler Thomas Kellner in seinem Atelier „Urholz". Für ihn Ehrensache: Wer Elsbeere nutzt, sollte sie auch anpflanzen.

Wer ihnen dieses Geschenk gemacht hat – sie wissen es nicht im österreichischen „Elsbeer-Reich" südöstlich von St. Pölten. Tatsache ist aber, dass es in diesem Teil des Wienerwaldes so viele frei stehende Elsbeerbäume gibt wie sonst nirgends auf der Welt. Warum die Bauern vor einigen hundert Jahren in so vielen ihrer Wiesen einzelne Elsbeeren pflanzten? Welchen anderen Grund dieses Vorkommen sonst haben könnte? Man rätselt bis heute.

Die 15 Weiler und Gemeinden im „Elsbeer-Reich" jedenfalls wissen diesen Umstand heute gut zu vermarkten. Feinstes Produkt im Angebot des lokalen Marketings sind Elsbeer-Brände aus Familien-Destillen. 50 Euro schlagen da schon einmal für 200 Milliliter der Spitzen-Spirituose aus der daumennagelkleinen Wildfrucht zu Buche.

Was für diese Delikatesse gilt, das gilt auch für das Holz: Elsbeerbaum erzielt auf Forst-Auktionen regelmäßig mindestens den doppelten Preis von bestem Eichenholz – wenn es denn überhaupt gehandelt wird! Spitzen-Qualitäten bringen sogar 15.000 Euro ein – pro Kubikmeter!

Denn die Elsbeere aus der Gattung der Mehlbeeren (Sorbus) ist selten geworden in weiten Teilen Mitteleuropas – so selten, dass sie in weiten Teilen der Bevölkerung gar nicht bekannt ist. Das hat Professor Dr. Andreas Roloff herausgefunden, der als Forstbotaniker an der Technischen Universität Dresden lehrt. Roloff begleitet die Wahl der Elsbeere zum „Baum des Jahres 2011" in Deutschland. Der Titel wird von der gleichnamigen Stiftung alljährlich verliehen.

Elsbeeren wachsen langsam und brauchen viel Licht, daher gehen sie im modernen Forstbetrieb sehr schnell unter. Vor 35 Jahren galten sie nahezu als ausgestorben, nach erheblichen Anzucht-Anstrengungen gibt es wieder eine geschätzte halbe Million Exemplare. Elsbeeren stehen meist vereinzelt oder in kleinen Gruppen in den lichten und warmen Lagen der Forsten, als Solitärbäume gibt es sie nur sehr selten. Erkennen lassen sich Elsbeer-Blätter an ihrer Ähnlichkeit mit Ahorn-Laub; die kleinen Früchte sind zunächst gelb, später lederbraun. Trotz Delikatessen wie dem Elsbeer-Brand oder auch Marmeladen aus der Frucht ist doch das Holz das wichtigste an der Elsbeere – zum Beispiel für Drechsler.

Sie schätzen das sehr harte und dichte und feinfaserige Gefüge genauso wie das von Birne und Speierling vor allem für kleinteilige Objekte wie zum Beispiel gestrehlte Gewinde. Elsbeere gilt als Reif-holzbaum, weil sich Splint- und Kernholz nur wenig bis gar nicht unterscheiden. Typisch für die „schöne Else", wie Liebhaber sie nennen, ist jedoch das zunächst gebrochen weiße bis rötliche Splintholz. Das Kernholz hat in der Regel die gleiche Farbe, es kann aber auch ins Bräunliche abwandern. Dann kommt der Stamm nicht mehr als A-Qualität für Furniere in Frage. Wie Birnbaum auch wird Elsbeere sehr häufig gedämpft. Durch diese Behandlung im Sägewerk lassen sich die inneren Spannungen des Holzes effektiv mindern, die sonst sehr schnell für Risse sorgen. Grund für diese Rissneigung ist die Eigenschaft des Elsbeer-Holzes, bei der Trocknung sehr stark zu schwinden. Das Schwundmaß ist mit 17 Prozent Volumenverlust genauso groß wie bei der dafür bekannten und berüchtigten Rotbuche.

Das Holz, einmal getrocknet, lässt sich aufgrund seiner Dichte und feinen Struktur sehr gut bearbeiten und auch polieren. Die gängigen Oberflächenbehandlungen sind alle kein Problem, wobei Beizen eher unüblich ist: Dafür ist das Holz einfach zu schön und kostbar. Instrumentenbauer etwa schätzen die sehr harte Elsbeere für besonders harte Einsatzorte wie die Mechanik von Pianos.

Mit Birnbaum und Speierling werden Elsbeer-Furniere zusammen als „Schweizer Birnbaum" in den Handel gebracht. Die drei Furniersorten lassen sich nach dem Dämpfen mit bloßem Auge nicht mehr voneinander unterscheiden. Nach einem Höhenflug in den neunziger Jahren war es etwas ruhiger um dieses Edelfurnier geworden. Doch seit einiger Zeit zieht die Nachfrage wieder deutlich an.

Ein besonders schöner Effekt speziell des Elsbeer-Holzes ist seine Neigung zu Riegelwuchs. Dabei verlaufen die Fasern nicht gerade, sondern in Wellen, was im Anschnitt ein besonders attraktives Maserbild verleiht. Jeder dritte Stamm etwa zeigt dieses Phänomen, was seinen Wert noch weiter steigen lässt.

Von Martin Luther übrigens stammt die erste überlieferte Verwendung des Namens „Elsbeere". Der Reformator wusste die medizinischen Eigenschaften der Früchte zu schätzen: In einem Brief an einen Freund Agricola bat er 1526, doch Elsbeere-Früchte aus Eisleben zu senden. Als Heilmittel „wider den weichen Leib und Magen". (AD)

Immer nah am Wasser gebaut

Die hohlen Früchte der Erle verbreiten das Erbgut über große Strecken.

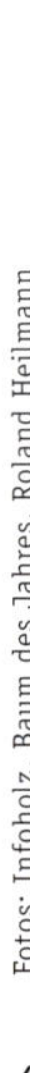
Fotos: Infoholz, Baum des Jahres, Roland Heilmann

Ist der Ruf erst ruiniert - dann kann man entdecken, dass auch einst verschmähte Bäume wie Erlen in der Holzwerkstatt zu richtigen Stars werden.

Erle (Schwarzerle: Alnus glutinosa, Weißerle: Alnus incana)

Verbreitung: Europa, Westasien und Nordafrika

Höhe: bis zu 33 Meter, Stammdurchmesser: bis zu 80 cm
Mittlere Rohdichte: 550 kg/m³
Höchstalter: bis 120 Jahre

Für Kleinmöbel – wie dieser im Dezember 2006 in HolzWerken präsentierte Rollladenschrank – ist Erle sehr beliebt.

Einen schlechteren Leumund kann man sich eigentlich nicht vorstellen: Die Erle ist ein düsterer Kinderschreck, mit dem Teufel und Dämoninnen im Bunde, blutrot wird das Holz frisch nach dem Einschlag. Und außerdem liebt der Baum es moorig und feucht. Einst mit diesem finsteren Image behaftet, ist der schlanke Baum mit dem rötlich-samtigen Holz heute weit oben auf der Beliebtheitsskala der modernen Möbelhölzer. Doch der Weg dahin war weit. Dabei sind die Eigenschaften und Fähigkeiten dieses Baumes verblüffend.

Es sind vor allem zwei Arten der Erle, die nördlich der Alpen bis nach Skandinavien vorkommen: die Schwarz- und die Weißerle. Beide kennzeichnet ganz ähnliche Standortvorlieben, weil sie sich insbesondere auf feuchte Uferstreifen von Bächen und Seen konzentrieren – trotz schlechten Nährstoffangebots. Die schlanken Gewächse siedeln im Bereich zwischen Wurzel und Stamm Bakterien an, und füttern sie mit einer Zuckerlösung. Im Gegengeschäft fangen die Bakterien Luftstickstoff für den Baum ein.

Schlaue Anpassung an die Umgebung

Und diese Selbstbedienung ist nur ein Indiz für Anpassung dieses Baums an den Standort am (oder gar im) Wasser: Seine Früchte verholzen, schwimmen auf kleinen Luftkammern und sorgen so für eine kilometerweite Verbreitung des Erbgutes. Außerdem hat sich das Wurzelwerk bestens an feuchte Umgebung angepasst und das Holz überlebt im ständigen Kontakt mit Wasser sehr gut. Trotz des üblen Rufs des Baumes war das Holz deshalb früher begehrt für den Mühlenbau, Wasserrohre und ähnliche Verwendungen. Geschichtsbücher berichten, dass Venedig auf Abertausenden Eichenstämmen erbaut sei. Heute weiß man, dass ebenso viele Erlenstämme in der Lagunenstadt als Gründungen zum Einsatz kamen.

Wechselnde Feuchtigkeit verträgt Erlenholz allerdings wegen seiner großen Pilzanfälligkeit gar nicht gut. Dieser Umstand und seine zumeist geringen Querschnitte waren nur ein Grund für die Unbeliebtheit der Erle bei der aufkommenden Holzindustrie. Noch heute wandert ein bedeutender Teil des Holzes in Spanplatten. Einmal eingeschlagen, muss das schnell verstockende Schnittholz trocken gelagert werden und darf keinem Sonnenlicht ausgesetzt werden. Doch selbst perfekte Lagerung kann mitunter nicht verhindern, dass Erlenholz sich aufgrund innerer Spannungen stark wirft.

Kern- und Splintholz der Erle ist nicht zu unterscheiden. Sein samtiges Rot, das ins Braune übergehen kann, macht das Holz heute beliebt. Zumal es sich einfach bohren, fräsen oder hobeln lässt und auch Lacke und Beizen gut annimmt. Holz von Weiß- und von Schwarzerlen wurden und werden zu ganz ähnlichen Zwecken eingesetzt: Vormals diente es für Schuhe und Bleistifte, noch heute kommt es in Musikinstrumenten und Modellen sowie in der Schnitzerei zum Einsatz. Genau wie einst wird Erle wieder für kleine Gebrauchsgegenstände wie Kämme herangezogen.

Massiv kommt Erle heute häufig als Leimholz auf den Markt – wenn auch gar nicht selten unter falscher Flagge. Gerade weil sich Erle gut beizen lässt, wird sie gerne auf Nussbaum und Kirschbaum getrimmt. Häufig sind das allerdings Furniere, die in jüngerer Zeit verstärkt aus Erlen-Stämmen gewonnen werden. Die Schwarz-Erle ist frisch geschlagen besonders leicht zu erkennen: Ihr Hirnholz färbt sich binnen kurzer Zeit an der Schnittfläche orange bis blutrot. Das hat ihr den Beinamen Rot-Erle eingetragen, was allerdings zu Verwechslungen mit einer in Nordamerika wachsenden Erlen-Art führen kann. Amerikanische Rot-Erle wird heute gerne als Kirschbaum-Ersatz genutzt.

Die rote Farbe des Holzes und ihre Vorliebe für dunkle Moore haben der Schwarzerle und auch ihren Verwandten den üblen Leumund eingebracht, weil man beides in die Nähe von Hexerei rückte. Den Nutzen strich man trotzdem gerne ein. Heute wird vermutet, dass sich der Name der Schwarzerle von der Tinte herleitet, die man früher aus den Fruchtzapfen gewann. Womöglich stammt er auch daher, dass Erlenrinde mit ihrem hohen Gerbsäure-Anteil in der Lederverarbeitung nicht wegzudenken war.

Doch es half alles nichts. Ausgerechnet Johann Wolfgang von Goethe hat der Erle ein unheimliches Denkmal in der Weltliteratur geschaffen: Sein „Erlkönig" ist ein windiger Finsterling, der dem Vater den Sohn entreißt. Goethe bediente sich einer von seinem Freund Herder übersetzten dänischen Vorlage. Nur hatte Herder gepatzt: Was im Original „Elfenkönig" hieß, übersetzter Herder mit „Erlkönig". Diese negative Einschlag haftet dem Baum noch heute an, ebenso setzt ihm die Trockenlegung der Moore und neuerdings ein besonders aggressiver Pilz zu. Doch das kann nicht darüber hinwegtäuschen, welch großartiges Material der Baum dem Holzwerker in die Hand gibt. (AD)

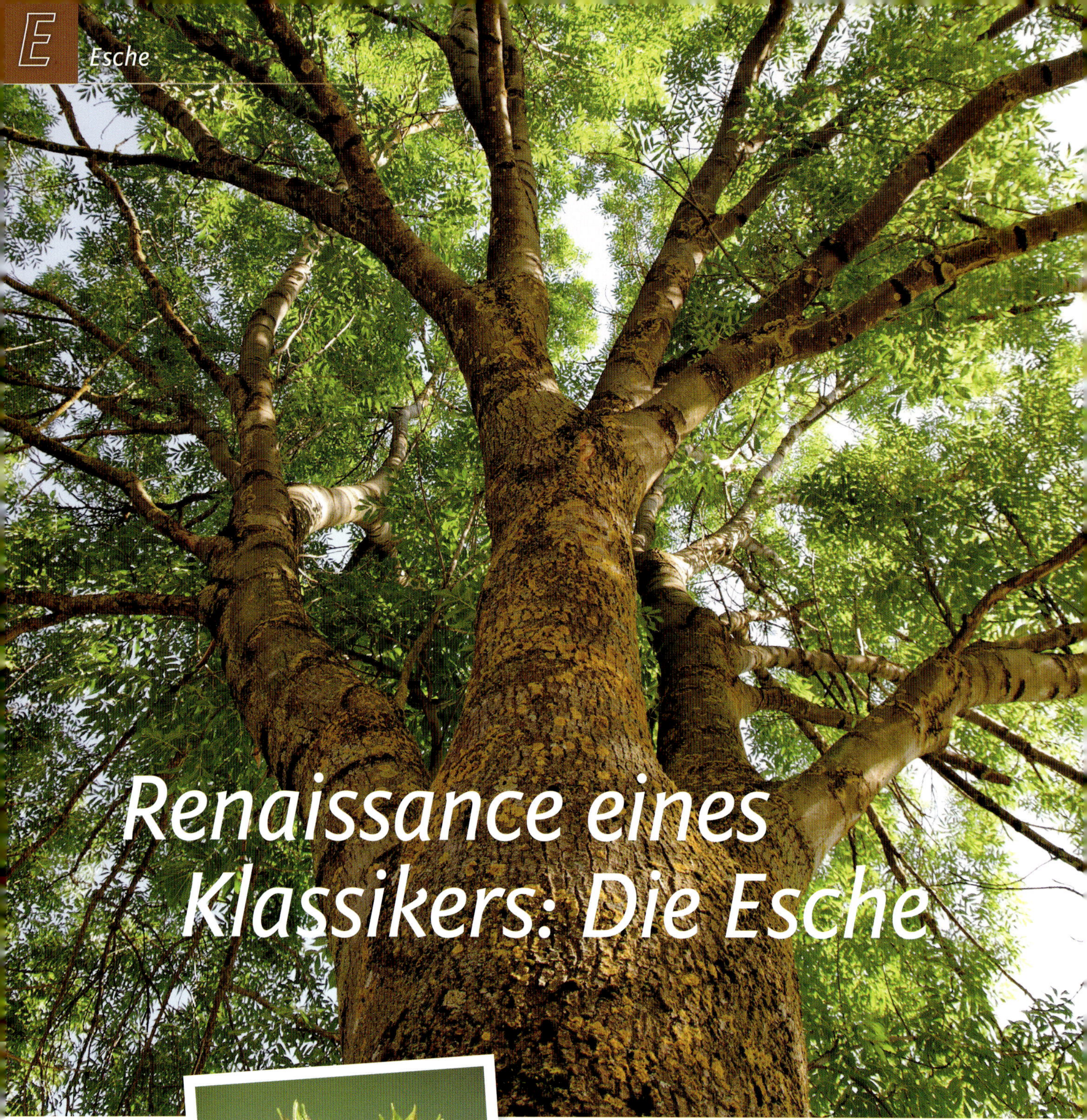

Renaissance eines Klassikers: Die Esche

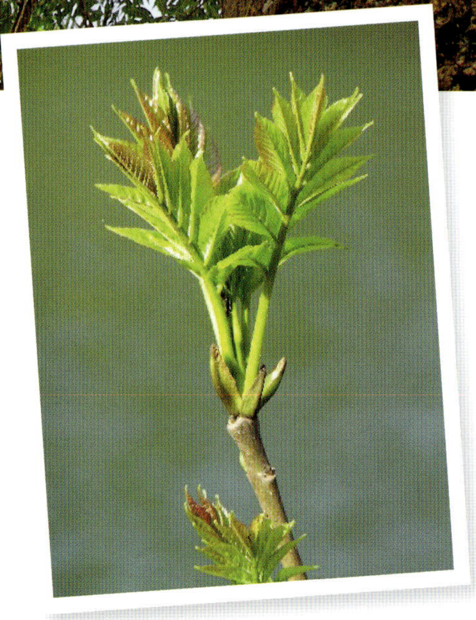

Ein junger Trieb

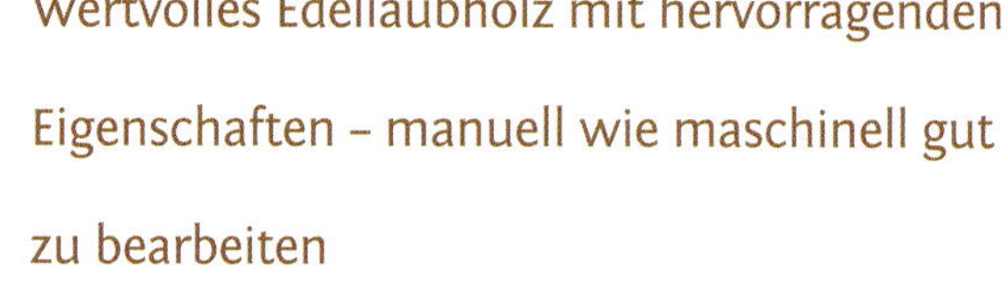

Wertvolles Edellaubholz mit hervorragenden Eigenschaften – manuell wie maschinell gut zu bearbeiten

Fotos: iStock.com/Michael Hieber; Hecht: aus: Porter, Holz erkennen und benutzen; Copyright GMC Publications, Lewes, England

Europäische Esche (Fraxinus excelsior)

Verbreitung: Europa, vor allem Deutschland, Frankreich, Belgien

Größe: 25 bis 35 Meter, Stammdurchmesser: 0,6 bis 1,5 Meter
Trockengewicht: 710 kg/m³
Höchstalter: ca. 300 Jahre

Wenn Sie in einer historischen Kutsche fahren, dürften Sie mit Sicherheit auf jeder Menge Esche sitzen. Denn in der früheren Wagnerei galt das wertvolle Edellaub als bei weitem geeignetste Holzart für die Herstellung von Naben, Felgen, Speichen, Deichseln und vielem mehr. Noch immer begegnet der Reisende dem Klassiker des Fahrzeug-, Waggon- und Flugzeugbaus – zumindest in der Natur – auf Schritt und Tritt. Vier von weltweit rund 70 Eschenarten finden sich in Mitteleuropa: im Wald und an Wasserläufen, häufig auch als Straßen- und Alleebaum oder in Parks.

In den letzten Jahren ist die Esche bei privaten Holzwerkern zu einem immer begehrteren Werkmaterial geworden. Denn dank hervorragender Eigenschaften bietet sich der Riese unter Europas Laubbaumarten für die Bearbeitung sowohl mit Handwerkzeugen als auch mit Maschinen ideal an.

Fest und elastisch zugleich

Neben der Buche und Eiche gehört die Europäische Esche zu den wichtigsten einheimischen Laubnutzhölzern. Während das Splintholz in der Regel recht schmal und cremefarben-weiß ist, zeichnet sich das Kernholz durch einen gelb-braunen, teils schwarz gestreiften Farbton aus, der nachdunkelt. Wenn die Eschen einen oliven Kern haben, werden sie als „Olivenesche" bezeichnet.

Eschenholz ist hart, schwer und verfügt über ein gutes Stehvermögen. Besonders charakteristisch sind seine hohe Elastizität und außergewöhnliche Zähigkeit sowie die hohe Abriebfestigkeit Esche lässt sich gut spalten sowie in gedämpftem Zustand leicht biegen. Nagel-und Schraubverbindungen sollten vorgebohrt werden, verursachen aber genauso wie die Verleimung keine Schwierigkeiten. Darüber hinaus lässt sich Esche sehr gut drechseln, sauber sägen, messern und schälen. Gehobelte Flächen weisen einen sanften, matten Glanz auf. Werkzeugschneiden stumpfen nur mäßig ab.

Für den Außenbau sollten Sie Esche allerdings nicht verwenden, denn ihre natürliche Dauerhaftigkeit ist relativ gering, und sie lässt sich auch nicht besonders gut imprägnieren. Problemlos dagegen können Sie Oberflächen mit bewährten Mitteln behandeln oder beizen, also farblich verändern. Die Trocknung muss sorgfältig durchgeführt werden, da das arbeitende Holz die Neigung hat, zu reißen und sich zu werfen.

Verwendungsmöglichkeiten

Die dynamischen Festigkeits- und Elastizitätseigenschaften setzen Ihrer Kreativität kaum Grenzen. Eschen-Vollholz wird gerne für Werkzeugstiele und Sportgeräte, aber auch für den Möbel- und Bootsbau genutzt. Kunsthandwerker schätzen das dekorative Aussehen der prägnant gestreiften oder gefladerten Zeichnung – vor allem das der braunkernigen Olivenesche. Warum also nicht mal den Kindern einen Schlitten bauen? Gönnen Sie sich Ihren eigenen Tennis- oder Eishockeyschläger – ein unverwechselbares Unikat! Im Bootsbaukurs können Sie Esche für die Ruder oder ein Faltbootskelett einsetzen. Stellen Sie selbst robuste Stiele und Griffe für Ihre Hämmer, Beile, Schaufeln, Hacken oder Gartenrechen her. Oder lassen Sie einfach Ihrer Fantasie freien Lauf und erwecken ein Naturwesen wie den Eschen-Hecht von Frank Fox-Wilson zum Leben.
Mit bestem Erfolg wird Esche übrigens nicht nur als Konstruktionsholz, sondern auch als attraktives Ausstattungsmaterial für Furnierarbeiten aller Art eingesetzt. Besonders begehrt sind die gelegentlich auftretenden Maserknollen und zwieselwüchsige Stämme mit mildem Wuchs. Aus ihnen werden Maser- oder Pyramidenfurniere für hochwertige Möbel und feine Drechslerarbeiten hergestellt. Sie können so Ihrer Einrichtung ein eigenes Gesicht geben.

Bitte nicht verwechseln!

Die im Holzhandel und besonders im Möbelhandel zu findende Bezeichnung „Senesche" ist irreführend. Sen ist zwar ein im Aussehen dem hellen Eschenholz sehr ähnliches Holz, stammt aber von einer in Japan und Korea heimischen Baumart aus der Familie der Araliaceae-Sen und stellt somit keine Eschenart dar. (AD)

„Treibt die Esche vor der Eiche,
hält der Sommer große Bleiche.
Treibt die Eiche vor der Esche,
hält der Sommer große Wäsche."

Alte Bauernregel

Holzkunst – der Eschen-Hecht von Frank Fox-Wilson

Unermüdlicher Rohstofflieferant

Farbenpracht: die leuchtend roten Früchte des Hirschkolbensumachs.

Fotos: Peter Gwiasda, Christian Masche, Pictokon: Thomas Jacob, Pixelio: Karl-Heinz Liebisch

Sumach nimmt man zum Würzen, Gerben, Lackieren und für Projekte in Kunsttischlerei und Drechslerei. Allerdings kann kein Familienmitglied der 150-köpfigen Rhus-Familie allein alle diese Dinge leisten: Vor allem werden Gerbersumach, Kolbensumach (Essigbaum) und Lacksumach verwendet.

Hirschkolbensumach, auch bekannt als Essigbaum (Rhus typhina)

Natürliche Verbreitung: Nordamerika, inzwischen aber auch Europa

Höhe: 7 Meter
Höchstalter: 40 Jahre

Essigbaum *(Rhus typhina)* wächst heute überall in Europa, obwohl seine Ursprünge in Nordamerika liegen. Weil seine jungen Triebe wie die Stangen eines Hirschgeweihs aussehen, heißt er auch Hirschkolben- oder Kolbensumach. Er ist im deutschsprachigen Raum aber eher als Essigbaum bekannt. Seine säurehaltigen Früchte wurden bei der Essigherstellung verwendet.

Als im 17. Jahrhundert die Gartenkultur der alten Adelshäuser wuchs, gelangte er offenbar zunächst als Zierbaum nach Europa. Zuerst entfaltete die in Baum- und Strauchform vorkommende Pflanze ihre leuchtende rot-gelbe Blätterpracht im herbstlichen Frankreich um 1620. Ein Jahrzehnt später hielt er auch in Gärten des Adels in Deutschland Einzug. Dass sein Holz eine interessante Färbung hat, das gute Eigenschaften für die Holzbearbeitung besitzt, hat zu dieser Zeit kaum jemand ausgenutzt: Es sind kaum Erzeugnisse aus Essigbaum älteren Datums bekannt. Erst seit der Mitte des vergangenen Jahrhunderts breitet sich der Essigbaum in öffentlichen Grünanlagen und privaten Gärten aus – lange Zeit nur als Ziergehölz.

Viele Holzwerker mit Garten wissen aber mittlerweile um sein schönes Holz. Der Essigbaun erreicht immerhin sieben Meter und einen Stammdurchmesser von maximal 35 Zentimetern.

Auch Gerbersumach (Rhus coriaria) gehört botanisch gesehen zur großen Familie. Im deutschen Namen klingt es schon mit: Blätter und Wurzeln wurden zum Gerben von Leder verwendet. Fein zermahlen sind Sumach-Blüten vor allem in südlichen Ländern als säuerliches Gewürz bekannt.

Sind die Blüten einiger Arten auch ungiftig, so gibt es auch Bestandteile der Sumachpflanzen, die giftig sind. Das ist in erster Linie der weißliche Saft unter der Rinde des Essigbaums, der schwere Hautreaktionen auslösen kann. Das hat möglicherweise viele Holzwerker lange davon abgehalten, das Holz zu verwenden.

Als Gartenbewohner unverwüstlich

Mittlerweile ist der Essigbaum für manchen Gartenfan zum Problem geworden, denn gestutzte Pflanzen wachsen mit Wucht nach. So haben ihn aber Drechsler wie Christian Masche aus dem Oderbruch für sich entdeckt. „Es ist, als würde sich der Sumach gegen den Beschnitt wehren", sagt er. Wo die Pflanze beschnitten wurde, wachsen in Windeseile neue Triebe nach. Das schnelle Wachstum zeige sich im Holz vor allem in der Größe der Jahrringe, die schon einmal bis zu einem Zentimeter breit sein können.

Das Holz des Essigbaums ist auffallend bunt: von hellem Braun im Splintbereich bis zu dunklem Braun und Grün im Kernholz. Es ist so weich wie Fichtenholz, sodass es vor allem an der Drechselbank nicht einfach ist, es fein zu schneiden. Diese Erfahrung hat auch Masche gemacht. „Man sollte es nicht saftfrisch verarbeiten", erklärt er. Es entsteht schnell eine wollige, faserige Oberfläche. Wer getrocknetes Essigbaumholz verwendet, setzt sich auch nicht dem giftigen Milchsaft aus.

Lässt man das Holz langsam draußen trocknen, wird das Splintholz grau und der Kern zeigt nur noch ein fades Hellgrün. „Wenn man es in Viertel aufspaltet und schnell trocknet, bleibt die Farbe erhalten", rät Christian Masche. Das sei kein Problem: Essigbaumholz neige sehr wenig zum Reißen. Ein Aufenthalt in Ofen oder Mikrowelle erhält also den Farbton. Ein Nachteil: Wird das Holz mit Öl behandelt, sorgen bestimmte Inhaltsstoffe dafür, dass das Öl zwar einzieht, aber nicht gut trocknet.

Eigene Oberflächenmittel erzeugen die asiatischen Sumach-Arten mit den lateinischen Bezeichnungen *Rhus vernicifera* (Lacksumach) und *Rhus succedanea* (Wachssumach). Der deutsche Name Lacksumach verrät den Nutzen seines Harzes. Lacksumach wächst in Indien, Japan, Korea und China. Unter dem japanischen Namen Urushi ist der Sumach-Lack auch in Europa bekannt.

Wird der Baum angezapft, geht er ein. Aber das, was in Europa als Nachteil gilt, ist für den asiatischen Lacksumach von Vorteil: Er bildet rasch neue Triebe und wächst schnell nach.

Beim Wachssumach werden die Samen ausgepresst, um Firnis (im Handel als Japanisches Wachs) zu erhalten. Auch das gelbliche Holz des Wachssumachs kann man verarbeiten. (SEN)

Das Holz des Essigbaums lässt sich gut drechseln, wie die Gewürzmühle von Christian Masche zeigt.

Längst nicht nur zu Weihnachten

Die aufrechten Zapfen der Tanne sind ein wichtiges Erkennungsmerkmal.

Jeder meint sie zu kennen, doch die Tanne bietet beim näheren Hinschauen so manche Überraschung. Dass sie sehr oft im Doppelpack daherkommt, tut ihrer Bedeutung in der Werkstatt keinen Abbruch.

Fotos: Wikimedia Commons: Harald Bischoff; Cruiser; Jerzy Opiola

Weiß-Tanne (Abies Alba)

Natürliche Verbreitung: Süd- und Mitteleuropa, Pyrenäen bis Rumänien, Balkan

Höhe: bis 70 Meter
Mittlere Rohdichte: 410 kg/m^3
Höchstalter: 800 Jahre

Wer in Sachen Holz von der Tanne redet, der redet fast immer auch von der Fichte – und umgekehrt. So ähnlich sind sich diese beiden Hölzer, dass es sich der Handel schon immer sehr einfach macht: „Fichte/Tanne" ist als Sorte ein stehender Begriff und gibt es fast überall nur als vermischte Einheit zu kaufen.

Beide Holzarten sind ähnlich dicht und schwer sowie mit klar voneinander abgegrenzten Früh- und Spätholz-Zonen versehen. Jahresringe zu zählen ist hier also kein Problem. Splint- und Kernholz unterscheiden sich nicht voneinander. Sowohl Tannen als auch die Gemeine Fichte als Haupt-Forstbaum liefern blasses, weißlich-gelbes Holz, das recht leicht ist. Nur wer genau hinschaut, kann bei einem Brett anhand gewisser Unterschiede ausmachen, ob es sich um Fichte oder Tanne handelt: Tannenholz besitzt im Gegensatz zur Fichte keine deutlichen Harzgallen oder -kanäle. Und: Astmarken sind im Tannenholz immer annähernd kreisrund, weil die Äste bei Tannen waagerecht aus dem Stamm wachsen. Fichtenäste gehen schräg ab und hinterlassen entsprechend ovale Markierungen im Holz. Generell hat Tannenholz deutlich mehr Äste und diese sind auch deutlich härter.

Wasserscheu sind beide Arten, wechselnde Feuchtigkeit vertragen sie unbehandelt nicht sehr gut. Bei Bodenkontakt werden beide Hölzer schnell organisch abgebaut. Eine Besonderheit ist die Tanne jedoch ganz unter Wasser: Unter Luftabschluss bleibt ihr Holz lange fest. Amsterdam wurde vermutlich auf mehreren Millionen Tannenpfählen erbaut, die als Gründung noch heute im Morast unter den Fundamenten stecken.

Das massenhafte Vorkommen großer, mächtiger Tannen im Schwarzwald und in der Schweiz war ein Grund, warum die niederländische Flotte zu ihrer Großmachtzeit massenweise kerzengerade Tannen-Stämme als Mastbäume bezog. Der Rhein als praktische Flöß-Strecke bis vor das Werft-Tor war ein weiterer Vorteil.

Ganz normal: Astfreie Stammlängen bis 20 Meter

Den Beständen der bei der Holznutzung maßgeblichen Weiß-Tanne tat die massive Nutzung nicht gut. Außerhalb von Forsten und Kulturen gilt die Weiß-Tanne in Österreich und in Teilen Deutschlands (nicht jedoch in der Schweiz) sogar als gefährdet. Saurer Regen und Bakterienbefall (für den Tannen sehr empfänglich sind) haben in den vergangenen Jahrzehnten die Bestände erheblich ausgezehrt.

Natürlich war es unter Förstern immer besonders beliebt, dass Tannen (ebenso wie Fichten) in einem geschlossenen Bestand sehr gerade und zylindrisch wachsen. Astfreie Stammlängen von bis zu 20 Metern bei einem Stammdurchmesser von 1,20 Metern können Forst-Tannen liefern. Im Freistand werden einzelne Exemplare sogar noch wesentlich dicker, aber auch astiger. Tannen können viele Jahre im Mischwald (ihrem natürlichen Wuchsbereich) unter dichten Buchenkronen sehr gemächlich nach oben streben. Sobald sie selbst ans Licht kommen, gibt ihr Wachstum so richtig Gas: Weiß-Tannen gehören mit bis zu 70 Metern zu den höchsten Bäumen in Europa.

Zu solchen Höchstleistungen gehören hohe statische Qualitäten, die Tanne wie auch Fichte zum typischen Bauholz machen: Das gilt für normale Einfamilienhäuser wie für sehr extravagante Dächer und Konstruktionen. Doch auch für den Innenausbau und für Türen, Treppen und Möbel kommt „Fichte/Tanne" zum Einsatz.

Die Hölzer sind recht weich und lassen sich ohne Probleme sägen, hobeln und fräsen. Im noch feuchten Zustand können beide von Bläuepilzen befallen werden. Das schädigt zwar die Optik, der Werkstoff verliert aber nichts an Stabilität und lässt sich auch weiter gut lackieren – wie „Fichte/Tanne" überhaupt. (AD)

Aus Tannenholz: Das Expo-Dach auf dem Messe-Gelände Hannover

Hart, bunt und oft übersehen

Er wächst in vielen Gärten, doch sein Holz landet oft unbesehen im Häcksler. Dabei setzt Flieder für kleine Projekte feine Farbakzente. Damit alles gelingt, sind einige Klippen zu umschiffen.

Fotos: Wikimedia commons: AnRo0002, 4028mdk09

Gemeiner Flieder (Syringa vulgaris)

Natürliche Verbreitung: Mittlerer Osten bis Nordeuropa

Höhe: 6 Meter
Mittlere Rohdichte: 945 kg/m³
Höchstalter: 60 Jahre

Seinen Namen hat sich der Gemeine Flieder geklaut: In Norddeutschland wurde im Mittelalter der Holunder „Flieder" genannt. Dann kam „Syringa", wie der Flieder auf Latein heißt, zu Beginn der Neuzeit vermutlich aus Persien und über Spanien nach Mitteleuropa. Der flitternde Name Flieder ging vom heutigen Holunder auf das deutlich buntere Gewächs über. Regionale Bezeichnungen wie das hübsche thüringische „Zerenchen" verweisen aber noch auf die lateinische Bezeichnung. Diese wiederum geht zurück auf das griechische Wort für Flöte – der Sage nach war die Flöte des Gottes Pan aus eben diesem Holz geschnitzt.

Und tatsächlich ist eine der traditionellen Verwendungen von Fliederholz der Musikinstrumentenbau. Auch für Messergriffe wird das sehr, sehr harte Holz immer wieder gerne aus dem Regal genommen. Schnitzer und Liebhaber von Einlegearbeiten schätzen Flieder ebenso. Als konstrastreicher Anleimer oder für sehr (!) kleine Schatullen lässt sich Flieder wunderbar verwenden. Gedrechselt entstehen daraus Serviettenringe, Kerzenständer und Schmuckstücke.

Die genannten Beispiele verraten es: Wer mehr als zehn Zentimeter nutzbare Breite aus einem Fliederstamm herausholen kann, der kann sich glücklich schätzen. Das liegt zunächst einmal daran, dass Flieder als typisches Gartengehölz fast nie auch nur auf eine baumähnliche Größe wachsen darf. Das begrenzt die verfügbaren Stammdurchmesser von vornherein.

Gefällt werden sollte der Strauch tunlichst im tiefen Winter, wenn das Stammholz am saftärmsten ist. Sonst wird die Trocknung des Fliederholzes noch schwieriger, als sie es ohnehin schon ist. Und nach dem Fällen des Stämmchens beginnt, wie bei vielen Sträuchern und den meisten Obsthölzern, der schwierige Teil:

Das Wasser muss heraus, aber auch nicht zu schnell – sonst reißt das Holz sofort. Doch auch bei größter Sorgfalt ist es schwierig: Versiegelte Hirnenden, zugfreie, nicht zu trockene Lagerung – das sind alles richtige Ansätze beim Flieder. Doch reißen wird das Stämmchen trotzdem mit einiger Wahrscheinlichkeit im Laufe von zwei oder drei Jahren Lagerzeit. Das frühe Auftrennen in kleine Bretter macht die Sache auch nicht besser, denn dann entstehen die Risse in jedem einzelnen von ihm. Manche Holzwerker setzen auf Demut: Sie lassen das Fliederstämmchen einfach reißen und schneiden, wenn es damit abgeschlossen hat, um die Risse herum.

Als Lohn der Mühe hält der Gemeine Flieder ein sehr schönes Holz bereit: Mittelbraun und bisweilen mit hellen Streifen durchzogen ist das Kernholz. Gelegentlich finden sich auch tatsächlich fliederfarbene Partien im Holz. Sie tun jedoch nach einigen Jahren am Licht das, was farbiges Holz fast immer tut: Sie werden braun.

Das harte, dichte Holz des Flieders ist ausgezeichnet schneidend und schabend zu bearbeiten. Stechbeitel, Hobel, Sägeblättern und Ziehklingen bietet es durch seine große Dichte und Härte zwar ordentlich Widerstand; das Schnittergebnis ist dann aber, scharfe Schneiden vorausgesetzt, meist sehr gut.

Fliederholz lässt sich jedoch nicht gut spalten, was mit seinem Hang zum Drehwuchs zu tun hat. Der Wunsch, eine Korkenzieher-Form anzunehmen, ist leider vielen Flieder-Exemplaren eigen.

Leime und auch Lacke, Wachse und Öle halten anstandslos gut auf Flieder. Doch sogar ohne jegliche Oberflächenbehandlung kann man das Holz ausnehmend gut polieren. Durch die Unterstützung der Maschine lässt sich das besonders beim Drechseln verwirklichen. Sofern dabei nicht zu viel Hitze entsteht (die wiederum Rissbildung fördert), kann das Fliederholz ganz ohne chemische Zutat in vollem Glanz erstrahlen. (AD)

Der älteste Baum der Erde

Den sechzigjährigen Goethe hat die Form dieser Blätter so fasziniert, dass er das Gedicht „Ginkgo Biloba" schrieb.

Die Holzwerker sind geteilter Meinung über Ginkgo-Holz. „Langweilig", sagen die einen und meinen die schlichte Maserung. „Gut zu bearbeiten", sagen die anderen und freuen sich, den urtümlichen Exoten auf der Drechsel-, Schnitz- oder Hobelbank zu haben.

Ginkgo Biloba L.

Natürliche Verbreitung: Südost-China

Höhe: 40 Meter
Mittlere Rohdichte: 430 kg/m³
Höchstalter: 3.500 Jahre

Der Ginkgo ist ein Fossil. Um mehr als 250 Millionen Jahre lassen sich versteinerte Ginkgo-Blätter zurückdatieren. Das ist älter, als die Funde vom Mammutbaum bezeugen. An seinem zweigeteilten Laub (daher der lateinische Zusatz biloba, für bi-loba = zweilappig) kann man die andersartige Struktur sehen: Die Blätter sehen aus wie zusammengeklebte Nadeln. Ihnen wird eine heilende Wirkung zugesprochen. Nicht nur den Eigenschaften nach ist Ginkgo anders als alle Nadel- und Laubbäume. Er ist botanisch gesehen weder das eine noch das andere. Damit stellt der Ginkgo seine eigene Klasse.

Ursprünglich war Ginkgo auf der ganzen Welt zu finden. Durch die Eiszeiten ist der Ursprungsbestand jedoch stark zurückgegangen. Reste findet man heute nur noch in zwei kleinen geschützten Gebieten in China. Der älteste Baum ist etwa 3.500 Jahre alt! Ginkgo besitzt in Chinas und Japans Tradition hohes Ansehen. Man kennt dort das Holz seit Jahrhunderten als gutes Material für Tee-Zeremonie-Zubehör, Figuren, Gefäße und Haushaltsgegenstände.

Seit dem 18. Jahrhundert ist der Ginkgo auch wieder in Parks und seit dem 19. Jahrhundert in Städten auf der ganzen Welt heimisch. In kühleren und trockeneren Regionen schätzt man seine Frosthärte und seine Widerstandskraft gegen Schädlinge sowie Luftverschmutzung.

Ginkgo ist nicht gleich Ginkgo: Er ist zweihäusig. Das bedeutet: es gibt männliche und weibliche Bäume. Sie haben eine unterschiedliche Erscheinungsform. Die Stämme der (älteren) männlichen Bäume sind lang und schmal, die der weiblichen haben mit zunehmendem Alter größere Stammdurchmesser und eine ausladendere Krone. Daher kann man vom Holz des männlichen Baumes mehr astfreies Holz erwarten, während die Stämme des weiblichen Baumes breiteres Material liefern.

Die weiblichen Bäume tragen nach der Blütezeit Früchte, die den ranzigen Geruch der Buttersäure absondern, wenn sie zu Boden gefallen sind und verrotten. Daher werden zur Zierde inzwischen häufiger männliche als weibliche Exemplare in Deutschland gepflanzt. Ginkgobäume aus Deutschland sind nach der Bundesartenschutzverordnung (BArtSchV) nicht besonders geschützt. Das gibt das Bundesamt für Naturschutz an. Dennoch muss natürlich vor dem Fällen eines Baumes die zuständige Stelle kontaktiert werden.

Weder Nadel- noch Laubbaum

Weibliche Bäume werden ob des unangenehmen Früchtegeruchs häufiger gefällt als männliche. Bei einer solchen Aktion kann man Glück haben und in Besitz des Holzes kommen. Der langsam wachsende Baum „stinkt" erst ab einem Alter von 20 bis 35 Jahren, denn dann bildet „sie" im Herbst zum ersten Mal Früchte aus (Bild unten). Weil Ginkgo verglichen mit anderen Bäumen sehr langsam wächst, hat er sehr feine, gleichmäßige Jahrringe. Die Struktur ist feiner als die von Nadelholz, etwa Fichte. Dennoch enthält das Holz des Ginkgo kein Harz. Es ist recht weich und fühlt sich samtig an.

Abgesehen davon, dass man es nicht besonders gut spalten kann, haben alle anderen Werkzeuge keine Mühe mit dem pflegeleichten Ginkgo-Holz. Ähnlich wie Lindenholz lässt sich Ginkgo sehr gut schnitzen, hat aber mit 430 g/m³ eine deutlich geringere Dichte als Linde (530 kg/m³).

Ginkgo-Holz neigt wenig zum Reißen. Seine Farbe gleicht beinahe dem Ton von Ahorn oder Birke, manchmal ist es gelblicher oder bräunlich. Viele Holzwerker finden das zu schlicht, aber andererseits bietet das Holz damit eine gute Grundlage zum Beizen. Das Holz nimmt die Farbe gut auf und aufgrund der zurückhaltenden Maserung wird auch der Farbauftrag ebenmäßig.

Das trockene Holz duftet leicht nach Sandel. Das grüne Holz riecht eher unangenehm, schreibt Drechsler und HolzWerken-Autor Peter Gwiasda. Der Baum, der genügend Holz für Tischlerprojekte bietet, ist meist mehr als 50 Jahre alt, denn dann erst erreichen Ginkgos für diese Arbeiten ernstzunehmende Stammdurchmesser.

Wer das „Lebende Fossil" genauer kennenlernen möchte, dem sei ein Besuch des Ginkgo-Museums in Weimar empfohlen (www.ginkgomuseum.de). (SEN)

Unser Holzwerker des Jahres 2013, Ralf Augustin, hat das Holz für eines seiner Vogel-Projekte verwendet und war sehr angetan von den Eigenschaften des Ginkgo.

Nur unverzehrt ein Genuss

Fotos: Jürgen Ross, Lindenfels; Wikimedia Commons: Magnus Manske und Tony Hisgett, 4028mdk09

Giftige Schönheit: Blüten und Samen des Goldregens sind schön anzusehen, sollten aber nicht gegessen werden.

Das Holz des Goldregens: Hart, schön gemasert und seidig glänzend. Ein Werkstoff fürs Kleine, Feine. Möbeltischler verwendeten ihn bereits im 17. Jahrhundert für kleinere Furnierarbeiten. Es ist aber auch für Drechsler, Schnitzer und Musikinstrumentenmacher interessant.

Gewöhnlicher Goldregen (laburnum anagyriodes)

Natürliche Verbreitung: südliches Mittel- und Osteuropa

Höhe: 7 Meter
Mittlere Rohdichte: 730 kg/m³
Höchstalter: 30 bis 40 Jahre

Zugegeben, große Stücke hat der Goldregen nicht zu bieten. Obwohl er bis zu sieben Meter hoch werden kann, bietet dieser Baum kaum längere astfreie Partien. Er wird auch nicht dicker als 35 Zentimeter. Goldregenholz glänzt eher im Kleinen, Feinen: mit der seidigen Oberfläche, der lebhaften Maserung in grünlich-braunen Tönen und seiner eichenähnlichen Härte. Goldregen wächst als Ziergehölz in Parks und Gärten Mittel- und Osteuropas. Schon im 18. Jahrhundert zierte der Baum mit den traubenförmigen leuchtend goldgelben Blütenständen Straßen und Alleen.

In den Tischlerwerkstätten des 17. Jahrhunderts war Goldregenholz nicht nur als Ebenholzersatz bekannt. Holländische Tischler verwendeten Hirnholzscheiben nebeneinandergelegt als Furnier für Kabinettmöbel. Der starke Kontrast zwischen dem schmalen, gelblichen Splintholz und dem grünlich-braunen bis fast schwarzen Kernholz ergab einen besonderen Reiz – und einen Namen: Oyster-Veneer. Der Kontrast und die meist ovale Form erinnerten offenbar den Namensgeber dieser Furniertechnik an Austern. Vom 18. Jahrhundert bis ins 19. Jahrhundert fertigten auch englische Tischler Möbel und kleine Schatullen aus Goldregenfurnier an.

Kabinettmöbel und Sackpfeifen

Auch kleinen Projekten wie Messergriffen, Schmuck oder Dosen verleiht das Holz, das man hier selten im Handel bekommt, einen besonderen Glanz. Hierzulande ist der eigene Garten die beste Quelle für Holzwerker, die nicht viel Material benötigen. In England wird es traditionell für die Fertigung von Dudelsackpfeifen verwendet. Die dortigen Dudelsackbauer haben wenig Probleme, das Holz zu bekommen: Laburnum, wie dort Holz und Baum gleichermaßen heißen, kommt dort sehr häufig vor. Viele Straßen und Orte sind danach benannt.

Goldregen hat sehr gute Klangeigenschaften. Das gilt auch für die Pfeifen des Dudelsackes. „Goldregen hat einen reinen, dunklen Klang", sagt der deutsche Dudelsackbauer Jürgen Ross aus Lichtenfels. Er hat sich vor einiger Zeit für eine Sonderanfertigung beim Drechseln der Pfeifen in das dicht gewachsene, nicht zu harte Material verliebt. Jürgen Ross veredelt das Holz mit Schellack, und gerade Goldregen wirke beinahe dreidimensional nach der Behandlung. Lediglich das starke Schwinden des Holzes, und dass es bei der Trocknung leicht reißt, bereite Schwierigkeiten. Ross hat seine eigene Technik entwickelt, um das Holz fit für seine Pfeifen zu machen.

Giftig oder nicht?

Der Goldregen wurde im Jahr 2012 zur Giftpflanze des Jahres gewählt. Seine hochgiftigen bohnenförmigen Samen zu essen, kann tödlich enden, für Kinder vor allem, aber ebenfalls für Erwachsene. Und Tieren wie Pferden und Hunden können zu viele gefressene Kapseln des Bohnenbaums, wie er auch genannt wird, gefährlich werden. Daher wurden seit den 1970er Jahren viele Bäume aus dem öffentlichen Raum entfernt. Mittlerweile kehrt Goldregen aber wieder in die Parks und Gärten zurück.

Eine akute Vergiftungsgefahr bei der Holzbearbeitung besteht nicht. „Uns ist kein Vergiftungsfall bekannt", sagt Martin Ebbeke von der Giftzentrale Nord in Göttingen. Der Anteil des Giftes Cytisin beträgt in den Samen zwei Prozent. Im Holz sei es laut Ebbeke weniger. Man müsse das Gift einnehmen, um sich ernstlich zu vergiften. Wenn auch der Schleifstaub sich auf die Schleimhäute legen kann, so ist die aufgenommene Menge zu gering für eine akute Vergiftung.

Dennoch gehört der Schleifstaub zu den gefährlicheren Stäuben wie Eichen- und Buchenstaub. Der Experte für Giftpflanzen vom Botanischen Sondergarten Wandsbek Helge Masch rät, bei der Arbeit mit Goldregenholz nicht auf Feinstaubmaske und Handschuhe zu verzichten. Jeder Mensch reagiere aber anders auf Holzstäube. Dudelsackpfeifendrechsler Jürgen Ross rät darüber hinaus, sich bei der Arbeit mit dem Holz zusätzlich mit einer Feinstaub-Absaugung der Stufe L oder sogar M vor dem Holzstaub zu schützen. Viele neuere Absaugmobile sind ohnehin entsprechend ausgestattet. (SEN)

Stamm-Baum für Klarinetten

Grenadill ist das traditionelle Schnitzholz im grünen Gürtel Afrikas zwischen dem Senegal und Angola. Außerhalb Afrikas wird das feinporige, schwarz gemaserte Holz vor allem für Musikinstrumente geschätzt. Grenadill wächst langsam und liefert nur kleine Abschnitte – die aber haben es in sich.

Fotos: Wikimedia Commons: Areo145, Omegorge, Tim1357.

Grenadill (Dalbergia melanoxylon)

Natürliche Verbreitung: Wälder und Savannen Afrikas

Höhe: 9 Meter
Mittlere Rohdichte: 1.200 kg/m³

Von Kunststoff sind wir es mittlerweile gewohnt, dass er uns klar definierte Kanten bietet, dass er weitgehend formbeständig ist, die Struktur fein und ebenmäßig und die Oberfläche glänzend poliert erscheinen kann. All diese Eigenschaften werden aber auch einem Material zugeschrieben, das die Natur hervorbringt: Grenadill. Im Gegensatz zu den meisten Kunststoffen schätzen Instrumentenbauer und Musiker die einzigartigen Klangeigenschaften des schwarzen, manchmal mit Purpur durchzogenen Holzes sehr. Hochwertige Klarinetten, Flöten und Dudelsackpfeifen aus Grenadill haben inzwischen eine lange Tradition.

Bevor europäische Holzblasinstrumentenmacher die guten Klangeigenschaften des Holzes im 16. Jahrhundert kennen und schätzen lernten, verwendeten afrikanische Schnitzer „Mpingo", wie Grenadill auf Swahili heißt, schon seit langem für ihre Figuren. Dabei ist das schwere Holz alles andere als leicht mit Handwerkzeugen bearbeitbar. Mit einer mittleren Rohdichte von 1.200 kg/m³ gehört Grenadill zu den härtesten und schwersten Hölzern der Welt. Es trotzt der Regel, dass Holz im Wasser schwimmt. Das ölhaltige Holz stumpft Schneiden schnell ab, ist spröde und bricht leicht.

Grenadill ist dem Quellen und Schwinden weniger unterworfen als andere Hölzer. Es lässt sich hervorragend drechseln und schnitzen, weil es seine Form recht exakt hält. Das macht es vor allem so begehrt für die Hersteller von Musikinstrumenten. Doch wie vieles, das auf der Welt begehrt ist, sind auch bei Grenadill die Ressourcen begrenzt. Die Bäume erreichen Erntereife nach 70 bis 100 Jahren und die Stämme wachsen selten gerade sowie mit einem unregelmäßigen Querschnitt (Spannrückigkeit). Durchschnittlich sind die Stämme nur bis 40 Zentimeter dick. Werden sie älter, kann es vorkommen, dass sie durch Fäulnis oder Spannungen hohl werden. Meistens sehen die kleinen Bäume Büschen ähnlicher. Grenadill hat einen geblichweißen, verhältnismäßig breiten Splintholzbereich.

Auf der roten Liste ist Grenadill unter „beinahe bedroht" geführt. Das ist immer noch fünf Stufen entfernt von „ausgestorben" (mehr Infos dazu unter www.iucnredlist.org, in englischer Sprache). Aber es zeigt die Einschätzung der Organisation, dass diese Baumart in den nächsten Jahren gefährdet werden könnte. Nicht, weil es den Baum generell nicht mehr geben könnte, sondern weil mehr erntereife Bäume geschlagen werden, als nachwachsen.

Für Musikinstrumente können nur die fehlerfreien Bereiche verwendet werden. Das bedeutet, dass ein Baum nur wenig Rohstoff für die Holzbearbeitung liefert. So können oft nur zehn Prozent des Baumes dafür genutzt werden. Die Mpingo Conservation and Development Initiative (MCDI, www.mpingoconservation.org) in Tansania setzt sich für eine wirtschaftliche Nutzung des Holzes bei gleichzeitiger Sensibilisierung der Bevölkerung Tansanias ein. Sie schätzt, dass die weltweite Nachfrage nach Grenadill (auch African Blackwood) für Musikinstrumente bei etwa 150 bis 200 m³ pro Jahr liegt. Dafür müssen 20.000 Bäume jährlich gefällt werden. Ein ebenso großer Bedarf wird für Schnitzer geschätzt. Die Nachfrage nach Musikinstrumenten aus Grenadill sei stabil, die nach Schnitzereien erhöht durch den wachsenden Tourismus. Ein großes Problem für die Gemeinden in Tansania ist daher der illegale Einschlag des Holzes. Könnten die Kommunen in den Ursprungsländern des Baumes auf legale Weise vom Verkauf des Holzes leben, heißt es auf der Webseite des MCDI, so könnte Grenadill zu einem Vorzeigeprojekt für die Erhaltung der Art bei gleichzeitiger Nutzung als Wirtschaftsgut werden. Noch 2005 jedoch wurde das meiste Holz (96 Prozent) illegal geschlagen.

Erfreulich: Es gibt mehrere Projekte in Afrika, die sich den Schutz von „Mpingo" zum Ziel gesetzt haben, darunter das African Blackwood Conservation Project (ABCP) in Tansania. Dort ist Mpingo ein Nationalsymbol. Einer der Mitgründer des Projekts, der inzwischen verstorbene Sebastian Chuwa, machte es sich im Jahr 1994 zur Aufgabe, mindestens eine Million neue Bäume zu pflanzen. Im Jahr 2004 war dieses Ziel erreicht, im Jahr 2007 waren es bereits 250.000 Bäume mehr, die unter seiner Leitung neugepflanzt wurden. (SEN)

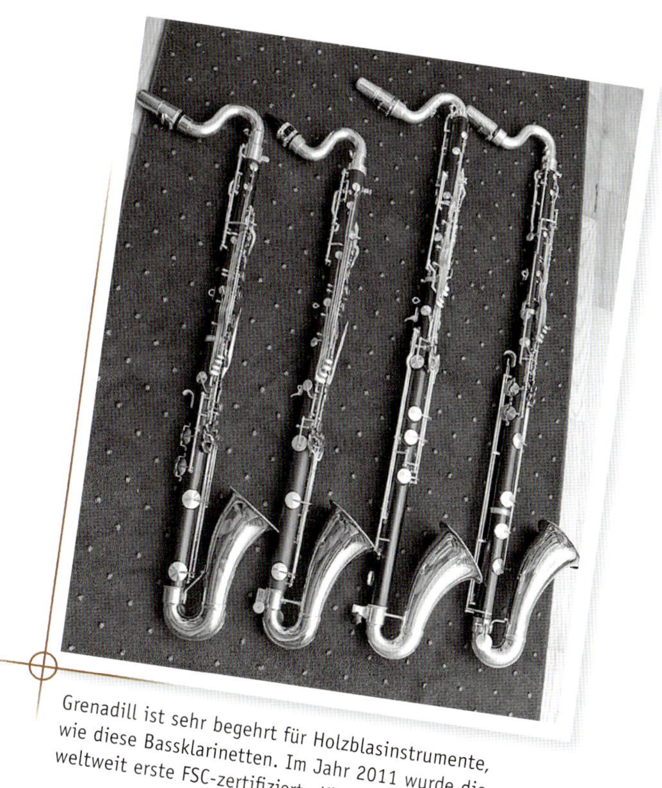

Grenadill ist sehr begehrt für Holzblasinstrumente, wie diese Bassklarinetten. Im Jahr 2011 wurde die weltweit erste FSC-zertifizierte Klarinette hergestellt.

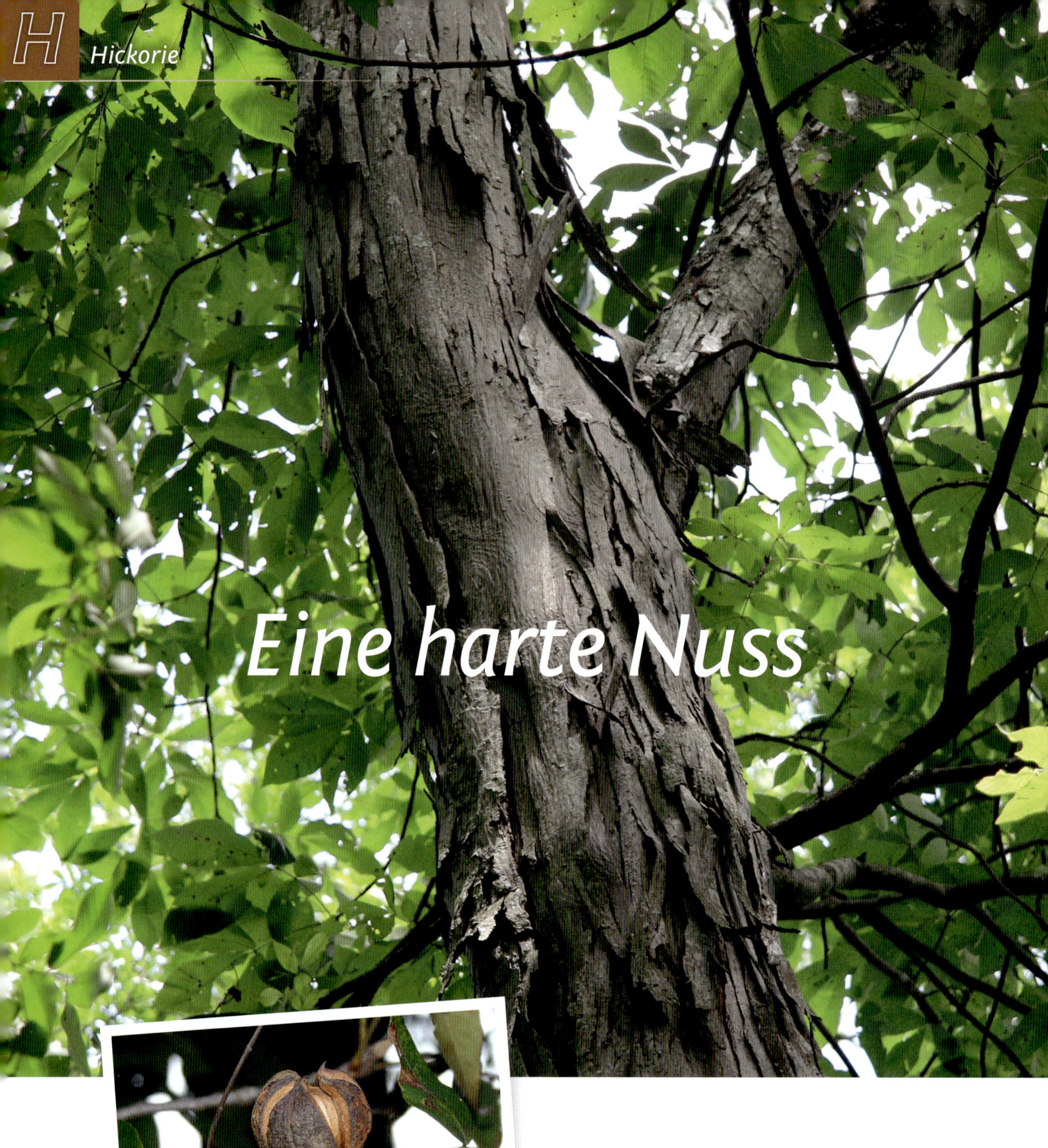

Eine harte Nuss

Schuppige Rinde, essbare Früchte: Der Schuppenrinden-Hickorynussbaum

Fotos: The Wood Database/Eric Meier; Fa. Wolfknives; Wikimedia Commons: Andre Abrahami; Derjsr

Zur Weihnachtszeit liegen oft Pekan-Nüsse auf unserem Teller. Sie kommen vom Hickorybaum aus Amerika. Aber Hickorybäume liefern auch biegsames und hartes Holz für Tischler, Drechsler und Bogenbauer. Nicht nur Amerikaner nutzen Produkte aus Hickoryholz schon lange – buchstäblich für Kopf, Fuß und alles, was dazwischen liegt.

Hickory (Carya ovata, Familie: Juglandaceae)

Natürliche Verbreitung: Südöstliches Nordamerika und Ostasien

Höhe: 23 bis 46 Meter, Stammdurchmesser: bis zu 100 cm
Mittlere Rohdichte: 820 kg/m³
Höchstalter: 350 Jahre

Alles im Griff: Hickory-Holz hat hervorragende Eigenschaften für alle Produkte, die viel abfedern müssen.

Hickory gehört zu den Walnussgewächsen. Carya, der wissenschaftliche Name, ist griechisch und bedeutet Nuss. Von allen Hickory-Arten sind vier Hölzer im Handel erhältlich. Sie werden als echte Hickory bezeichnet. Weitere vier Arten werden „pecan hickory" genannt; sie liefern auch Holz, sind aber eher aufgrund ihrer schmackhaften Früchte – der Pekan-Nüsse – begehrt.

Alle Arten bringen (mehr oder weniger schmackhafte) Früchte hervor. Die Algonquin-Indianer zerstießen Hickory-Nüsse und verarbeiteten sie zu verschiedenen Nahrungsmitteln. Unter anderem stellten sie ein reichhaltiges Getränk daraus her. Dieses nannten sie „pawcohiccora", woraus sehr wahrscheinlich in der englischen Sprache „hickory" als Bezeichnung für den Baum geworden ist. Der wichtigste Lieferant für Pekan-Nüsse ist Carya illinoinensis. Alle acht Baumarten werden unter dem Handelsnamen Hickory zusammengefasst.

Mit Hickoryprodukten kann man nicht nur die körperlichen, sondern auch die musischen Fähigkeiten den ganzen Tag lang trainieren. Das weiß man im Ursprungsland Amerika schon seit weit über einhundert Jahren.

Denn bereits damals lief man auf Fußböden und Skiern aus Hickory. Als Fahrräder noch nicht aus ultraleichten Industrieprodukten bestanden, machte man daraus Radspeichen und Fahrradlenker, wie das kleine Konversationslexikon von Brockhaus im Jahr 1911 berichtete. Für lockeres Beintraining sorgt auch heute noch die Benutzung von Hickory-Treppen und -Leitersprossen. Danach kann man sich prima auf Stühlen aus dem escheähnlichen Holz ausruhen. Seine Biegsamkeit sorgt dabei für leichte, entspannende Wippbewegungen. Das tut dem Rücken gut.

Im Hickoryrauch zubereitetes Fleisch verwöhnt übrigens mit feinem Schinkenaroma Gaumen und Magen. Das Holz bietet nach dem Mahl viele Möglichkeiten, um sich vom kulinarischen Genuss zu erholen: mit Schlagzeugstöcken zum Beispiel. Oder man betätigt sich sportlich mit Tennis-, Lacrosse- oder Baseballschlägern. Für gut einhundert Jahre zwischen den 1820er und den 1920er Jahren galt der Hickoryschläger beim Golf als perfektes Sportgerät. Er glänzte mit seinen (un)schlagbaren Eigenschaften. Diese Spielart wird heute liebevoll als „history golf" oder eben „hickory golf" bezeichnet und immer noch betrieben. Heutige Profigolfer haben aber inzwischen neue Regeln und Schläger aus anderen Materialien.

Wer sich nach dem Essen nicht so gerne sportlich betätigen möchte, der kann sich mit Spitzhacken, Äxten oder Hämmern das Barbecue wieder abtrainieren. Ihre Stiele fertigt die Werkzeugindustrie noch immer gerne aus Hickoryholz. Sprichwörtlich ist die Härte des Holzes für den siebten Kopf der USA geworden: Präsident Andrew Jackson trug den Beinamen „Old Hickory". Hickory ist eben ein Holz, das von Kopf bis Fuß Verwendung findet.

Hoch, breit und schuppig

Das Holz der vier Nutzholzbäume unterscheidet sich kaum voneinander. Neben der Ferkelnuss (Carya glabra) und der Spottnuss (Carya tomentosa) ist vor allem Carya ovata der größte Holzlieferant. Dieser ist in Deutschland unter dem Namen Schuppenrinden-Hickorynussbaum bekannt. Der Laubbaum wird 23 bis 46 Meter hoch und erreicht einen Durchmesser von bis zu einem Meter. Er wächst ein wenig schneller als andere Carya-Arten, aber im allgemeinen Vergleich eher langsam. Allerdings sind Hickorys langlebig: Sie können zwischen 200 und 350 Jahren alt werden.

Wie Esche kann Hickoryholz zum Möbelbau verwendet werden. Es ist gut zum Dampfbiegen und zum Drechseln geeignet. Das Splintholz ist weiß und wird im Handel als „white hickory" geführt. Der Kernbereich des Holzes, „red hickory", ist braun bis rötlichbraun. Das mit einer Rohdichte von 820 kg/m³ recht harte Holz ist ein wenig biegefester, aber deutlich elastischer als Esche oder Eiche. Daher hält es sowohl die Kräfte aus, die vor dem Abschuss eines Pfeiles auf den Bogen wirken als auch die, die ein Hammerschlag auf den Stiel ausübt. (SEN)

Schwellenholz aus dem Känguruland

Aus den Pollen des Jarrah- Eukalyptus entsteht aromatischer Honig, der als Delikatesse auch in Deutschland verkauft wird.

Fotos: Sonja Senge; Wikimedia commons: Gnangarra, Podiceps60

Im Herkunftsland Australien wurde Jarrah vor 150 Jahren vorwiegend für Bahnschwellen und Zaunlatten verwendet. Mittlerweile ist es überall auf der Welt ein beliebtes Drechsel- und Schnitzholz und macht auch an Möbeln eine gute Figur.

Jarrah (Eucalyptus marginata)

Natürliche Verbreitung: Südwestliches Australien

Höhe: 40 bis 50 Meter
Mittlere Rohdichte: 800 kg/m³
Höchstalter: bis 800 Jahre

Swan River Mahogany, so wird Jarrah auch genannt. Der Name nimmt Bezug auf seine Verbreitung: Es kommt in Westaustralien rund um den Schwanenfluss bei Perth vor. An Mahagoni erinnert seine rötlich-braune Farbe, wenn auch die Jarrah und Mahagoni botanisch nichts miteinander zu tun haben.

Vor rund 150 Jahren baute ein Privatmann die erste Eisenbahnstrecke Australiens, um Jarrah-Holz von Perth aus ins Inland zu transportieren. Denn Jarrah war ein zuverlässiger Partner für den Eisenbahnbau: Man machte vor allem Schwellen aus dem robusten, harten Werkstoff. Neben diesen guten Eigenschaften hat Jarrah für die Eisenbahn wahre Traummaße: Eine durchschnittliche Eisenbahnschwelle misst 26 auf 16 Zentimeter und hat eine Länge von 2,60 Meter. Für sie spendete ein idealer Jarrah-Baum von 40 bis 50 Metern mit einer Nutzholzlänge von 20 Metern und einem Umfang von 1,20 Metern etwa 200 Eisenbahnschwellen.

Gutes Jarrah braucht viel Zeit

Sollte Marco Polo im 13. Jahrhundert tatsächlich Australien besucht und dort einen Jarrah-Schößling gesehen haben, so wäre dieser Baum heute erst dem Ende seiner natürlichen Existenz nahe. Denn Jarrah kann rund 800 Jahre alt werden.

Geschlagen werden die Bäume im Alter zwischen 300 und 400 Jahren, da sie dann erst die eine ganz besondere Widerstandskraft entwickeln. Junges Holz ist heller gefärbt als älteres: Es verändert sich von lachsfarben nach tief dunkelrot. Die Dichte nimmt im Verlauf des Baumlebens zu und die Struktur wird feiner.

Wie jede Baumart mit guten Eigenschaften als Konstruktionsholz und kleinem Verbreitungsgebiet wurde Jarrah in den letzten 150 Jahren also intensiv genutzt. Mittlerweile hat die westaustralische Forstbehörde Forrest Products Commission (FPC) ein strenges Auge auf die Ausfuhr. Es gibt für einige Unternehmen aber Lizenzen, um das Holz nutzen und ausführen zu dürfen. Rechtzeitig genug hat der Staat reagiert, so dass Jarrah nicht auf der Roten Liste der gefährdeten Arten steht.

Noch immer ist diese Eukalyptus-Art ein sehr wichtiger Wirtschaftsfaktor für Australien: Sie stellt etwa zwei Drittel der jährlichen Holzproduktion. Jarrah ist ein starker Rohstoff, dessen Eigenschaften aber nicht nur die australischen Eisenbahner interessiert haben. Da das Holz besonders widerstandsfähig ist – es fault wenig, brennt schlecht und lässt sich auch von Witterung und Insekten wenig beeindrucken –, ist es ein ideales Holz für Außeneinsätze. Viele Gebäude wie Lager- und Werkshallen, aber auch Fuß- und Terrassenböden sowie Pfähle für kilometerlange Zäune sind in der Kolonialzeit in Australien entstanden.

Ein zweites Leben für Balken

Die Balken, Zaunpfähle und Eisenbahnschwellen werden dort heute oft durch neue Baustoffe ersetzt. Das liegt nicht daran, dass das Holz marode wäre – das damals verbaute Holz ist noch immer brauchbar. Einige Firmen haben sich darauf spezialisiert, dieses alte Material zu kaufen. Sie arbeiten es auf und fertigen Möbel oder Parkett daraus an. Im englischsprachigen Raum hat sich für Holz mit zweitem Leben die Bezeichnung reclaimed wood durchgesetzt. Aber auch einige deutsche Firmen verarbeiten Jarrah-Altholz.

Vorwiegend ist Jarrah in Deutschland in kleinen Mengen erhältlich. Das ist vor allem für Drechsler und Schnitzer interessant. Oft gibt es dekorative Maserrohlinge zu kaufen, die schöne Schalen oder Messergriffe zu werden versprechen. „Aber es ist nicht für ganz feine Sachen geeignet", sagt der Australier Paul Della-Vanzo. „Jarrah sollte man nicht dünner verarbeiten als in fünf Millimetern Stärke." Er lebt und arbeitet in Deutschland und drechselt vorwiegend Hölzer aus seiner Heimat. Doch auch für Möbelprojekte ist es ein guter Werkstoff. Es ist mit einer Rohdichte von 800 kg/m³ härter als Eiche (650 kg/m³). Weil es mit Wasser gut zurechtkommt, ist es auch für kleinere Küchen- und Badprojekte bestens geeignet. SEN)

Tropische Schönheit mit Zertifikat

Die über handtellergroßen Früchte des Johannisbrotgewächses Jatoba.

Fotos: wikimedia commons: João de Deus Medeiros, Mauroguanandi

Das Holz des Baumes aus Lateinamerika ist schwer, hat eine dekorative, feine Struktur und gute Eigenschaften für drinnen und draußen. Jatoba ist hierzulande auch FSC-zertifiziert im Handel zu bekommen.

Jatoba (Hymenaea courbaril L.)

Natürliche Verbreitung: Mexiko bis Brasilien, Karibische Inseln, Antillen

Höhe: bis 30 Meter
Mittlere Rohdichte: 900 kg/m³

Jatoba gehört zu den weniger bekannten „Sekundärhölzern", die nie so übermäßig genutzt wurden wie etwa Mahagoni. In seinem natürlichen Verbreitungsgebiet Lateinamerika kommt es häufig vor. So ist Jatoba nicht im Bestand gefährdet, wie auf dem Datenblatt der Roten Liste gefährdeter Arten (IUCN; iucnredlist.org) zu lesen ist.

Es scheint im Kommen zu sein: Noch 2006 steht in dem Buch „Bäume der Tropen", dass das Holz in so geringen Mengen anfällt, dass es keine überregionale wirtschaftliche Bedeutung hat. Im Jahr 2011 schreibt Gerhard Boehm in seinem Buch „Handelshölzer aus Lateinamerika", dass das Holz in großen Mengen als Schnittholz, Profilholz, Parkettstäbe und Furnier in weite Teile der Welt exportiert wird. Es hat hervorragende Eigenschaften für drinnen (Möbelbau, Drechseln, Schnitzen) und draußen (Boots- und Schiffbau, Eisenbahnbau, Gartenbau).

Das dunkle Holz mit der feinen Struktur gibt es inzwischen durchaus auch mit FSC-Zertifikat zu kaufen. Damit ist es immer noch ein Tropenholz, das in Regionen wie Brasilien erzeugt wird, in denen potenziell Raubbau an der Natur betrieben wird. Doch als Experte für lateinamerikanische Handelshölzer schreibt Gerhard Boehm dazu: „Inzwischen [haben] alle Regierungen in Lateinamerika den Wert ihrer Waldressourcen erkannt und nationale Regeln für den Holzeinschlag und die Waldbewirtschaftung aufgestellt."

Die internationale Dachorganisation Forest Stewardship Council (FSC) zum Schutz von Wäldern wurde 1993 in Mexiko gegründet, um Holz nachhaltig, sozial verträglich und wirtschaftlich tragfähig vertreiben zu können.

Die Zertifikate, die das FSC seitdem ausstellt, stärken so die Wirtschaft der lateinamerikanischen Exportländer. Weiter führt Boehm aus: „Da eine völlige Unterschutzstellung der Tropenwälder weder realisierbar noch wünschenswert ist, ist es besser, den Tropenwald nachhaltig zu nutzen, um ihn zu schützen." Jatoba wird in Lateinamerika regelmäßig produziert und unter anderem eben auch nach Deutschland exportiert.

Hart, zäh, schwer – und dekorativ

Die über 20, manchmal auch bis zu 50 Meter hohen Laubbäume liefern bei Stammdurchmessern zwischen 0,9 bis 1,80 Metern sehr gerades, weitgehend astfreies Holz. Das sechs bis zwölf Zentimeter breite Splintholz ist weiß bis grau und setzt sich daher deutlich vom bräunlichen Kernholz ab. Das Kernholz verläuft vorwiegend gerade. Es liegt farblich zwischen Nussbaum und Mahagoni, kann also rot- bis orangebraun sein und dunkle Adern zeigen. Die Struktur ist sehr fein.

Mit einer mittleren Rohdichte von 900 kg/m³ zieht es weit an der von Eiche (700 kg/m³) vorbei. Dementsprechend lässt sich Jatoba sehr gut biegen, vergleichbar mit dem Wert für Biegefestigkeit von Weißbuche (beide liegen etwa bei 160 N/mm²).

Einsatzgebiete draußen und drinnen

Jatobaholz schwindet wenig und ist dauerhaft gegen Insektenbefall, was es interessant für den Außeneinsatz macht. Allerdings ist es bei Erdkontakt nicht dauerhaft. Wenn das Holz mit Eisen in Kontakt kommt, ist Vorsicht geboten. Denn das kann graublaue bis schwarze Flecken ähnlich wie bei Eiche verursachen. Wer rostfreie Verbindungsmittel wählt, ist hier auf der sicheren Seite.

Weil das Holz sehr hart ist, ist ein höherer Kraftaufwand geboten, um eine matte, leicht glänzende und glatte Oberfläche zu erreichen. Hobeln, Fräsen und Drechseln ist aber durchaus gut möglich. Allerdings sollte man Schraub- und Nagelverbindungen immer vorbohren, um das spröde Holz nicht zu spalten. Beim Schleifen ist es sinnvoll, eine Maske zu tragen, denn der Schleifstaub gilt als gesundheitsschädigend.

Jatoba hat sehr gute Eigenschaften für vielerlei Produkte, Möbel sind nur eine Möglichkeit. Das harte Material stellt auch die Grundlage für Treppen, Furniere, Sperrholz, Parkett oder Landhausdielen. Es eignet sich außerdem für Zahnräder, Eisenbahnschwellen, Pfähle oder Webstühle.

Eine Lasur schützt das Holz, wenn es Draußen eingesetzt wird, denn auf dem unbehandelten Holz entstehen sonst in der Witterung feine Oberflächenrisse. Bei den Ureinwohnern gilt das Harz, das man in Europa Kopal nennt, als Heilmittel gegen Bronchits. Es wird industriell bei der Herstellung von Lack verwendet. (SEN)

Weiße Blüten zieren den Jatoba-Baum, dessen Holz auch nach der lateinischen Bezeichnung auch unter dem Namen Courbaril bekannt ist.

Multitalent mit viel Geschmack

Die feinen Nadeln der Fruchtkapseln helfen, die Edelkastanie von der Rosskastanie zu unterscheiden.

Ihr Holz ist hart im Nehmen, ihre Früchte sind ein Gedicht: Die Edelkastanie ist seit 2.000 Jahren in Europa einer der vielseitigsten Bäume.

Fotos: Deutsches Baumarchiv, Pixelio/Salerno, Firma Walli, Vincentz Network

Edelkastanie (Castanea sativa)

Natürliche Verbreitung: Süd- und Mitteleuropa

Höhe: bis 35 Meter
Mittlere Rohdichte: 570 bis 590 kg/m³
Höchstalter: 500 Jahre

Holz der Edelkastanie lässt sich ganz ähnlich wie das viel verbreitetere Eichenholz einsetzen.

Wenn das Leben wieder schwer wurde im Tessin und der Hunger drohte, war auf eines Verlass: Die Edelkastanie, nicht ohne Grund auch Esskastanie genannt. „Ein Baum versorgt einen Mann", so lautete die lebensrettende Faustregel. Die Marone, die Kastanienfrucht, ist so reich an Eiweißen und Fetten, Kohlenhydraten und Vitaminen, dass sie ganze Landstriche durch den Winter bringen konnte. In einigen Regionen Südeuropas verzichteten die Menschen sogar fast völlig auf den Anbau von Getreide und setzten auf die nährende Wirkung der Kastanien.

Kein Wunder also, dass die Edelkastanie (Castanea sativa) schon von den Armeniern weit vor Christus kultiviert wurde und die findigen Römer sie nach Europa brachten. Heute gedeiht die Edelkastanie in den milderen Lagen Südeuropas bis hinauf zum Mittelrhein. Erst dort, wo es für den Weinanbau zu kalt ist, fühlt sich auch die Edelkastanie nicht mehr wohl. In Ungarn und im milden Großbritannien gibt es ebenfalls Bestände. Für die natürliche Verbreitung sorgen Eichelhäher, Eichhörnchen und Co. Sie legen Maronenvorräte an, vergessen einige und dann gedeihen die Früchte zu neuen Schösslingen.

Als Solitärbäume wachsen Edelkastanien auch in gut geschützten Lagen in den städtischen Parks von Hamburg und Berlin. Dort sind sie allerdings auf den ersten Blick mit der häufiger vorkommenden Rosskastanie zu verwechseln. Botanisch sind die beiden Gewächse nicht eng verwandt, und die Früchte der Rosskastanie sind nicht nur ungenießbar, sondern sogar giftig. Ein Unterscheidungsmerkmal: Die Fruchtkapsel der Edelkastanie ist mit deutlich mehr und spitzeren Stacheln besetzt als die der Rosskastanie.

Es ist gut möglich, dass sich die Kastanie den Zusatz „Edel" durch ihre Bedeutung für den Weinbau erworben hat. Edelkastanien wurden früher häufig „auf den Stock gesetzt": Auf etwa anderthalb Metern abgeschnitten, wachsen binnen weniger Jahre kräftige, gerade Äste. Diese wurden und werden für Rebpfähle ebenso genutzt wie für die Dauben von Wein- und Ölfässern.

Nicht nur in diesem Bereich macht das Holz der Edelkastanie der Eiche Konkurrenz: Beide sind ähnlich resistent gegen Witterung und auch gegen Pilzbefall. Weil Kastanienholz besonders unempfindlich gegen Wassereinflüsse ist, kam es lange Zeit als Grubenholz zum Einsatz. Auch sein Erscheinungsbild erinnert in mancherlei Hinsicht an Eiche: Gut sichtbare, porige Jahresringe im dominierenden Kern, strohfarben bis dunkelbraun im Ton und ein hoher Gerbsäureanteil. Wie Eiche reagiert Kastanie daher empfindlich auf den Kontakt mit Eisen und verfärbt sich dann dunkelblau bis schwarz. Sie hat jedoch nur sehr feine Markstrahlen und ist auch nicht so schwer wie Eichenholz.

Das Holz der Edelkastanie hat im Vergleich zu anderen Laubhölzern im Möbelbau immer schon eine eher untergeordnete Rolle gespielt. Doch dafür gibt es an sich keinen Grund:

Auch unter Dampf bleibt die Edelkastanie noch gutmütig

Kastanie lässt sich gut mit Maschinen bearbeiten und auch sonst bereitet es wenige Probleme in der Werkstatt. Schrauben zum Beispiel halten tadellos in Kastanie. Ein weiteres Plus ist die Gutmütigkeit, was das Biegen unter Dampf anbetrifft, wo sich das Holz ähnlich gut wie Esche verarbeiten lässt. Es eignet sich für Parkett ebenso wie für großflächige Bauteile wie Türen, wo es im richtigen Anschnitt eine schöne, gefladerte Struktur zeigen kann. Wer als Drechsler und Schnitzer gern mit grobporigem Holz arbeitet, liegt bei Kastanie nicht falsch.

Im Furnierwerk landen diese Stämme allerdings eher selten, weil es beim Trocknen starke Unregelmäßigkeiten geben kann und das Holz zum Reißen neigt. Kastanien-Maser ist hingegen begehrt.

Die Hinwendung zu einheimischen Hölzern in den vergangenen Jahren dürfte der Edelkastanie wieder mehr Aufmerksamkeit bringen. Die nicht allzu häufige Verwendung des Holzes kann auch mit der imposanten Wirkung zusammenhängen: Alte Edelkastanien sind mit ihren mächtigen Kronen ein bis zu 30 Meter hohes Naturschauspiel. Nicht zuletzt mag man den Baum, der so leckere Früchte trägt, womöglich einfach ungern zu Leibe rücken: „Heiße Maronen" sind schließlich heute längst kein Notnahrungsmittel mehr, sondern eine begehrte Delikatesse auf den Wintermärkten in ganz Europa. Ab Ende Oktober reifen sie endlich wieder. (AD)

Heiß auf Kirsche: Der rote Renner

Sie finden, Kirsche sei ein alter Hut? Dann haben Sie höchstens in einer Hinsicht Recht: Großvaters Zylinder könnte tatsächlich Kirsche enthalten. Besser gesagt: „Wundgummi“, einen Ausfluss dieses Baumes, der früher zur Hutversteifung genutzt wurde. Ansonsten aber ist das Edellaubholz bei Holzwerkern gefragt wie nie.

Kirschbaum (Prunus avium, Familie: Rosaceae)

Verbreitung: Europa, westliches Asien und Nordafrika

Höhe: 18 bis 24 Meter, Stammdurchmesser: 0,4 bis 0,8 m
Trockengewicht: 610 kg/m³, Höchstalter: ca. 90 Jahre
Gesundheitsrisiken: keine bekannt

Handgefertigtes Schmuckkästchen aus Kirsche

Ob Vogel-, Wald- oder Wildkirsche genannt, das Obstholz mit der roten Tönung wurde schon immer geliebt. Die Nachfrage, vor allem nach wertvollen, hellfarbigen Partien Kirschbaum ist so stark angestiegen, dass sie kaum befriedigt werden kann. Der Absatzförderungsfonds der deutschen Forstund Holzwirtschaft spricht Holzwerkern aus der Seele, wenn er feststellt, ein verstärkter Anbau der Wildkirsche sei „von größtem Interesse". Nur 0,02 Prozent des deutschen Gesamteinschlages entfallen auf diesen Baum. Förster bemühen sich deshalb intensiv um Nachzucht. Die gartenkultivierten Sprösslinge der Wildkirsche können ihrer Stammart nicht das Wasser reichen: Sie wurden auf erntefreundliche Stammlängen von kaum über zwei Meter reduziert. In den artenreichen Mischwäldern Europas und Kleinasiens dagegen schließt die Kirsche ihr Höhenwachstum nach 50, 60 Jahren erst bei etwa 20 Metern ab, unter optimalen Bedingungen bei weit über 30 Metern. Das Geheimnis ihrer Schönheit könnte die Jugend sein. Denn relativ früh, ab dem achten Lebensjahrzehnt, bereitet die Stammfäule ihr schon ein Ende.

Feine Fasern in Rot

Kirschbaum ist ein besonders schön-farbiges, unter Lichteinfluss rot- bis gold-braunes, feinfaseriges Laubholz mit deutlichen Jahrringgrenzen. Ihre Fasern verlaufen in der Regel gerade, die Holzstruktur ist ebenmäßig und fein. Auf den Längsflächen bilden die Frühholzporen feine Fladern (Tangentialschnitt) oder Streifen (Radialschnitt). Sie tragen wesentlich zum charakteristischen Holzbild des Kirschbaumes bei. Zuweilen tritt auch eine besonders dekorative geflammte Textur auf.

Prima zu verarbeiten

Kirschholz ist mittelschwer, ziemlich hart und zäh. Mit guter Festigkeit und Elastizität ausgestattet, ist es hoch verformbar und eignet sich hervorragend zum Dampfbiegen. Kirsche gehört zu den stärker schwindenden Hölzern, weist aber nach der Trocknung ein gutes Stehvermögen auf. Sie können dieses Material mit allen Werkzeugen und Maschinen leicht und sauber bearbeiten. Es ist problemlos zu sägen, sehr gut zu messern, zu profilieren, zu drechseln und zu schnitzen. Verbindungen mit Schrauben, Nägeln oder Leim gelingen ohne Schwierigkeiten. Lacke, Farben und Beizen werden gut angenommen, und buchstäblich glänzend schneidet Kirschholz bei der Politur ab. Vorsicht sollten Sie mit Beschlägen und anderen Metallen walten lassen: Bei Kontakt mit Eisen, Kupfer oder Messing färbt sich Kirsche in Verbindung mit Feuchtigkeit grau bis graublau. Was die Anfälligkeit gegen Insekten betrifft, ist der Kirschbaum besser als sein Ruf. Entsprechende Hinweise beziehen sich eher auf stehende, kränkelnde Bäume. Sachgerecht gelagert, getrocknet und verarbeitet, ist das Holz kaum gefährdeter als andere Arten.

Vornehme Eleganz für Möbel

Schon zu Zeiten des Sonnenkönigs Ludwig XIY. war Kirsche ein beliebtes Möbelholz, das vornehme Eleganz ausstrahlte. Bis heute wird es gerne für historsche und moderne Möbel, aber auch für Musikinstrumente verwendet. Aus Kirsche können Sie Haushaltsgegenstände (wie Besteckkästen, Messerhefte, Bürstenrücken und -griffe), Bilderrahmen, Spielzeug, Schmuck- und Zierschatullen anfertigen. Wenn Sie Kunsttischler sind, sollten Sie den besonderen Reiz der Kombination mit helleren und dunkleren Hölzern oder Glas ausprobieren! Typische Anwendungsbereiche sind auch dekorative Furnier-, Einlege-, Bildhauer-, Schnitz- und Drechslerarbeiten. Lassen Sie Ihrer Fantasie freien Lauf! Verwandeln Sie Ihren Kirschholzrohling in ein originelles Geschenk, drechseln Sie Lampen- und Leuchterfüße, Möbelknöpfe oder einfach einen schönen Pfeifenkopf Die Pfeife allerdings sollten Sie lieber drinnen rauchen: Für den Außenbereich ist Kirsche als witterungsanfälliges Holz ungeeignet. (AD)

Diese Kirsche ist gar keine

Markante Kennzeichen: Gelbe Blüten ab März und knallrote Sommerfrüchte zieren die Kornelkirsche.

Fotos: Erich Schabert, Wikimedia Commons: Averater, Lazaregagnidze

Eigentlich ist die Kornelkirsche ein Hartriegelgewächs. Unter der Rinde steckt ein geheimer Schatz: ihr hartes, rötliches Holz, das sich für kleine Tischlerarbeiten, Messergriffe und ganz besonders zum Drechseln eignet.

Kornelkirsche (Cornus mas L.)

Natürliche Verbreitung: Mittel- und Südosteuropa, Kleinasien

Höhe: 8 Meter
Mittlere Rohdichte: 1.000 kg/m³
Höchstalter: 100 Jahre

Antike Quellen behaupten, dass das Trojanische Pferd aus dem Holz der Kornelkirsche gefertigt sei. Doch wenn man es sich recht überlegt, ist es doch schwer zu glauben: Der höchstens acht Meter hohe, buschartige Baum mit einem maximalen Stammdurchmesser von 30 Zentimetern soll für ein derart großes Projekt der Lieferant gewesen sein?

Ein Trojanisches Pferd im übertragenen Sinn ist allenfalls der deutsche Name Kornel-„Kirsche". Denn dieser Baum gehört botanisch nicht zur Gattung „prunus", sondern zur Gattung „cornus", den Hartriegelgewächsen. Den Namen hat man der Kornelkirsche sicher aufgrund seiner kirschartigen Früchte gegeben. Sie bieten Vögeln ab August eine solide Nahrungsgrundlage. Sind die knallroten Kirschen ganz reif und dunkelrot, verlieren sie ihre bitteren Gerbstoffe und sind auch für den Menschen genießbar. Daraus entstehen dann Marmeladen, Liköre, Kompotte oder Säfte.

Ob die Kornelkirsche mit langem oder kurzem „e" in der zweiten Silbe ausgesprochen wird, darüber scheiden sich die Geister. Laut Duden liegt die Betonung auf der zweiten Silbe und wird lang ausgesprochen.

In Europa ist die Kornelkirsche bereits seit langem bekannt. In der Schweiz zählt sie noch heute zu den bekanntesten Wildobstbäumen. In der Antike wurde das harte, zähe Holz für Speere und Bögen verwendet. In Sagen und in historischen Berichten wird das Holz erwähnt. Ab dem 16. Jahrhundert gibt es Berichte, nach denen die sehr früh im Jahr gelb blühende Kornelkirsche als Zierbaum in England gepflanzt wurde. Von seiner Blütenfarbe und dem harten Holz kommt auch der Name „Gelber Hartriegel", unter dem der Baum ebenfalls bekannt ist.

Vor allem im Süden und der Mitte Europas ist er in seiner natürlichen Verbreitung zu finden. In der Nähe von Jena wurde sein Holz im 19. Jahrhundert unter Studenten als „Ziegenhainer Spazierstock" zum Prestigeobjekt. Auch heute noch werden diese geschnitzten oder gebogenen Spazierstöcke hergestellt. Nachdem der Ziegenhainer Spazierstock so gut ankam, wurde die Kornelkirsche in der Region um Jena vermehrt angepflanzt. Nördlicher werden die Bäume inzwischen auch als Zierbaum kultiviert. Das Holz ist allerdings mittlerweile beinahe in Vergessenheit geraten.

Die Kornelkirsche hat für die Holzwerkstatt viel zu bieten. Das dunkle Kernholz setzt sich deutlich vom gelblichen Splintholz ab. Das Kernholz hat eine feine Struktur und eine schöne Maserung mit hellbraunen und dunkleren rötlichen Bereichen.

Mit einer mittleren Rohdichte von etwa 1.000 kg/m³ ist das Holz der Kornelkirsche fast so schwer wie Ebenholz (1.100 bis 1.200 kg/m³). Weil es auch hart ist, wurde und wird es oft zu Uhrzahnrädern, Musikinstrumenten, Leitersprossen, Walzen, Werkzeugstielen und Knöpfen verarbeitet.

Kornelkirschholz ist sehr formbeständig, auch wenn es beim Trocknen stark schwindet. Daher ist es wichtig, das Holz langsam zu trocknen. Diese Erfahrung hat auch Drechsler Erich Schabert aus Nördlingen gemacht. Er hat mehrere Schalen aus dem nassen Holz gedrechselt. Seine Schale mit 190 Millimetern Durchmesser (unten im Bild) verzog sich nach dem Drechseln um sieben Millimeter. Bei seinen Projekten bemerkte er, dass die Kornelkische deutlich weniger rissfreudig ist als Kirschbaumholz. Außerdem war Schabert sehr begeistert von der Bearbeitbarkeit des Holzes: „Es ließ sich sehr gut schneiden, ohne jegliche Ausrisse, auch konnte ich es nach dem Drechseln sofort schleifen, ohne dass sich das Schleifpapier zusetzte."

Doch das Holz der Kornelkirsche ist nichts für Draußen: Wenn es auch widerstandsfähig gegen Insektenbefall ist, so ist es nur mäßig witterungsbeständig.

Unter Verwendung von Handwerkzeug und Maschinen macht das Holz eine gute Figur beim Fräsen, Schleifen, Schnitzen, Polieren und Stemmen. Nur Spalten kann man es nicht gut. Verleimungen halten bei diesem Holz gut. Ohne Schwierigkeiten können Oberflächenmittel wie Lack, Schellack oder Öl aufgetragen werden. (SEN)

Die Schale hat Drechsler Erich Schabert nass gedrechselt und langsam trocknen lassen. Sehr zufrieden ist er, dass sich die Schale nur wenig verzogen hat.

Dieser Gipfelstürmer hat es in sich!

Rein sprachlich wird die Lärche manchmal mit einem Vogel verwechselt. Das passt ganz gut: Denn der Nadelbaum kommt mit seinen hervorragenden Holzeigenschaften auch hoch hinaus!

Die markanten Zapfen und die langen, weichen Nadeln bilden ein wichtiges Erkennungsmerkmal der Lärche.

Fotos: Pixelio: Joujou; Karl-Heinz Liebisch; Jürgen Schmitt, schmitt-IT-support.de; Fa. Blum Wohnen

Lärche (Europäische Lärche; Larix decidua)

Verbreitungsgebiet: Mitteleuropa

Höhe: 40 bis 50 Meter
Mittlere Rohdichte: 590 g/m^3
Höchstalter: bis 600 Jahre; Einschlag meist ab 100 Jahre

Das gutmütige Holz lässt sich für drinnen und draußen gleichermaßen einsetzen – es setzt der Phantasie keine Grenzen.

Für Dachstühle und Fassaden-Verkleidungen, für Windmühlenflügel und für den Wasserbau: Lärchenholz war und ist eines der beliebtesten heimischen Hölzer im Außenbereich. Und das aus gutem Grund, denn der Kernholzbaum ist reich an Inhaltsstoffen, die ihn recht gut gegen die Widrigkeiten des Wetters schützen. Wenn man akzeptiert, dass bewettertes Lärchenholz nach einigen Jahren in Ehren ergraut, kann man es sogar ohne jeden weiteren Schutz an Fassaden verwenden.

Dem Holz im Handel kann man es in der Regel nicht ansehen, von welcher Lärchenart es stammt. Hierzulande herrscht in den Forsten die „Europäische Lärche" (Larix decidua) vor, vereinzelt sind in den vergangenen 150 Jahren auch Japanische Lärchen angesiedelt worden. Eine weitere von weltweit insgesamt rund 20 Arten ist die Sibirische Lärche, die im Handel aber mit Vorsicht zu genießen ist. Die Umweltschutzorganisation Greenpeace warnt vor dem Kauf: Sofern Sibirische Lärche nicht mit dem FSC-Siegel für nachhaltigen Waldbau versehen ist, komme sie wahrscheinlich aus besonders bedrohten russischen Urwäldern.

Die Europäische Lärche hatte ihre Heimat nach der letzten Eiszeit vor allem in den Alpen und den Sudeten, ist aber heute auch im Flachland zu finden. Auch für Baumlaien ist sie sehr leicht zu erkennen. Die Nadeln sind sehr weich und werden von der Lärche im Gegensatz zu fast allen hiesigen Nadelbäumen im Winter abgeworfen. Zuvor macht die Lärche im Herbst mit einem prächtigen Farbenspiel auf sich aufmerksam. So ist sie auch von weitem auf den ersten Blick von den Fichten zu unterscheiden, mit denen Lärchen häufig die Standorte teilen.

Markant: Die weichen Nadeln fallen in jedem Winter

Kommt man näher, fällt die tief rissige Borke der Lärche ins Auge. Sie verbirgt das Holz, das mit seinen Qualitäten unter den Nadelhölzern eine Sonderstellung einnimmt. Das dominante Kernholz hat in seinen Jahresringen einen besonders ausgeprägten Spätholzanteil. Diese klaren dunklen Streifen machen das Zählen der Jahrringe besonders einfach. Darüber hinaus stabilisieren sie den Stamm und sorgen für Masse. Lärche ist daher deutlich schwerer und härter als alle vergleichbaren Nadelhölzer.

Der nur wenige Zentimeter dicke, blass-gelbe Splintholzanteil fällt optisch kaum ins Gewicht. Umso mehr ist das Kernholz für konstruktive Aufgaben und für den Möbelbau interessant. Es erscheint frisch geschlagen in einem rötlichen Ton, der sich mit Trocknung und Alterung in einen hellen Braunton verwandelt. Kombiniert mit der feinen Jahrring-Struktur ergibt die Lärche so ein attraktives Bild: Streifig im Radialschnitt und ausdrucksstark gefladert im Tangentialschnitt. Die Harzkanäle der Lärche sind kaum sichtbar, dennoch muss das Holz vor dem Lackieren oft noch entharzt werden.

Lärchen-Terpentin ist aus der Malerei nicht wegzudenken

Weiß man um diese Besonderheiten, ist Lärchenholz nahezu für alle Zwecke einsetzbar: Unter Wasser und bei Fässern nimmt es die Lärche mit der Widerstandskraft der Eiche auf. Gebrauchsgegenstände lassen sich auch gut aus diesem Holz drechseln. Abgesehen von einer geringen Ausrissneigung und gelegentlichem Drehwuchs macht Lärche auch beim Hobeln, Fräsen oder Bohren keine weiteren Probleme. Bauingenieure setzen große Querschnitte des Holzes für Brücken und andere Konstruktionen ein. Das heute mit Abstand höchste Holz-Gebäude der Welt, ein 118 Meter hoher Sendemast im schlesischen Gleiwitz, besteht aus Lärchenholz-Elementen, die mit Bronzebolzen in Form gehalten werden. Seit 1935 trotzt er schon Wind und Wetter.

Wer schon einmal frisches Lärchenholz bearbeitet hat, der erinnert sich sicherlich an den intensiven Geruch, den es verströmt. Aromatischer kann ein Holz kaum duften! Aus dem Harz entsteht eine der wertvollsten Essenzen, die in der Kunst Verwendung finden. Lärchen-Terpentin war und ist eine wichtige Zutat in der Ölmalerei und in der klassischen Lackiertechnik. Nach einem historischen Umschlagplatz wird es auch als „Venetianischer Terpentin" bezeichnet. Das klingt nicht nur edel, sondern ist es auch – wie die Lärche an sich. (AD)

Heiliges Holz, immer mittendrin

Was die Linde alles liefert! Blüten für den gesunden Tee, Honig für das süße Brot – und natürlich ein weiches Holz, das auch, aber nicht nur Schnitzer zu künstlerischen Höchstleistungen bringt.

Lindenblüten werden gerne für als heilsam beschriebene Tees verwendet. Das großen Bild zeigt die Tanzlinde in Peesten bei Kulmbach.

Fotos: Wikipedia: Benreis, ArtMechanic; Schnitzschule Geisler-Moroder

Linde (Tilia): Sommerlinde (Tilia platyphyllos); Winterlinde (Tilia cordata), Holländische Linde (Tilia × europaea)

Natürliche Verbreitung: West-Europa bis asiatischer Teil Russlands

Höhe: 35 bis 40 Meter
Mittlere Rohdichte: 530 kg/m³
Höchstalter: 500 bis 600, selten 1.000 Jahre

Sie stehen einfach häufig im Mittelpunkt: Beim Tanzen und bei Gerichtsverhandlungen oder einfach als schattiges Zentrum des Dorfes – Linden wurden und werden häufig dort angepflanzt, wo Menschen sich treffen und sich gerne aufhalten. Warum das so ist, darüber kann man nur mutmaßen: Sind es die Spuren der Mythologie der Germanen, die die Linde direkt der Göttin Freya zugeordnet haben sollen? Oder ist es der simple Umstand, dass das – genau! – lindgrüne Dach aus dichten, herzförmigen Blättern ein idealer Schattenspender ist? Gleichzeitig hält es abends die Tageswärme noch etwas in Bodennähe und in weiten Teilen Mitteleuropas haben sich die Dorf-Linden deshalb als zentrale Orte herausgebildet. In Thüringen und andernorts gibt es eine ganz besondere Spielart der „Tanzlinden". Aufwändige Ständerkonstruktionen tragen hier Tanzböden auf halbem Wege zur Krone. Solche Konstruktionen wurden natürlich für eine halbe Ewigkeit gebaut, und da musste man sicher sein, dass der Baum in der Mitte lange durchhält: Linden haben so ein Stehvermögen. 500 bis 600 Jahre können sie als Alter locker erreichen, manche Exemplare bringen es sogar auf 1.000 Jahre. Fällt der Begriff „Linde", so ist zunächst einmal von einer ganzen Gattung der Laubbäume die Rede, die zur Familie der Malvengewächse gehört. Biologen haben je nach Einteilung bis zu 45 Lindenarten weltweit identifiziert, die alle in den gemäßigten Klima-Zonen der Nord-Halbkugel gedeihen. Den größten Variantenreichtum gibt es dabei in Asien. In Europa spielen hingegen nur zwei Arten eine Rolle: Die Sommer- und die Winterlinde sowie ihre Kreuzung, die „Holländische Linde". Alle Exemplare sind Reifholzbäume, was bedeutet, dass sich Splint- und Kernholz praktisch nicht ohne Mikroskop voneinander unterscheiden lassen. Das helle, fast weißliche Holz dieser Linden kann je nach Partie rötlich oder auch bräunlich eingefärbt sein. Es zeichnet sich durch in der Regel sehr geradlinige Fasern aus, die auch beim Blick aufs Hirnholz kaum voneinander zu unterscheiden sind. Rein von der Ansicht ist Linde ein sehr dichtes Holz, weshalb es spätestens seit dem Mittelalter und vor allem in Spätgotik und Renaissance eines der Lieblingsmaterialien für Schnitzer war- und ist: Das Lindenholz lenkt durch seine homogene Struktur kaum vom gestalteten Objekt ab. Weil Meisterschnitzer wie Veit Stoß oder Tilman Riemenschneider bis heute unübertroffene Werke geistlicher Kunst aus Linde schufen, wuchs diesem ganz besonderen Werkstoff der Beiname „lignum sacrum" zu – „heiliges Holz". Auch wenn Schnitzer heute gerne zur leichter verfügbaren Weymouth-Kiefer (Strobe) greifen, ist Lindenholz immer noch das Holz besonders für Schnitzarbeiten.

Und das gilt für echte Profis ebenso wie für Einsteiger. Lindenholz ist recht leicht und vor allem weich, so dass es mit scharfen Werkzeugen sehr gut bearbeitet werden kann. Die enge Faserstruktur ermöglicht es aber auch Drechslern, es zu polieren. Sie ist es auch, die die Linde zu einem beliebten Klangholz werden lässt, zum Beispiel in Blockflöten oder auch in Bassinstrumenten. Der amerikanische Name „Basswood" für Linde hat damit aber eher nichts zu tun, denn er leitet sich eher vom Begriff „Bast" ab. Für den Möbelbau wird Lindenholz kaum direkt eingesetzt, kommt aber häufiger als Unterfurnier in Plattenwerkstoffen zum Einsatz. In historischen Möbeln findet sich Linde häufig als fast spannungsfreies Trägerfurnier für edle tropische Furniere. Dabei kann Lindenholz auch direkt sichtbar belassen werden, denn es lässt sich recht gut beizen. Für den Außenbereich ist es auf Grund seiner eher schlechten Schädlingsresistenz gar nicht geeignet. Der besondere Zusammenhalt der Fasern sorgt dafür, dass die Linde nur sehr wenig splittert. Das macht sie für den Formenbau in Gießereien ebenso interessant wie für allerlei Arbeitsgeräte: Schneidunterlagen in der Lederbearbeitung waren aus eben diesem Grund oft aus Linde. (AD)

Perfekt für Einsteiger: Schülerarbeit aus Linde aus der Schnitzschule Geisler-Moroder in Tirol.

Seit Noah ungeschlagen

Wer kennt sie nicht? Die Früchte des Olivenbaums sind ein Pfeiler der Mittelmeerküche.

Fotos: Wikimedia Commons: Adrian Michael, Aracuano; Pixelio: wrw

Wenn es für den Mitteleuropäer oft die Eiche ist, die beim Stichwort „Baum" als erstes einfällt, so ist es für die Küstenbewohner des Mittelmeers der Olivenbaum.

Seit 4.000 Jahren ist er dort ein enger Begleiter der Menschheit.

Olivenbaum (Olea europaea)

Natürliche Verbreitung: Mittelmeerraum bis Schwarzes Meer

Höhe: bis 20 Meter
Mittlere Rohdichte: 800 kg/m³
Höchstalter: mehrere hundert Jahre

Unantastbar waren die Olivenbäume, die auf Athens Burg der Stadtgöttin geweiht waren. Sie galten als prestigeträchtig, denn der Sage nach hatte Athena den Mutterbaum selbst erschaffen. In der Antike waren Olivenbäume – oder „Ölbäume" – allgegenwärtig. Olympiasieger erhielten einen Zweig als Trophäe, eine Taube meldete dem biblischen Noah mit einem Öl-Spross „Land in Sicht". Jesus predigte auf dem Ölberg und auch der Koran erwähnt diese besondere Kulturpflanze mehrmals.

Und dafür gibt es gute Gründe: Seit etwa 4.000 Jahren hegt und pflegt der Mensch diesen Baum auf das Innigste. Die ersten gezielten Anpflanzungen gab es wohl in Syrien und auf Kreta. Warum die Menschen im östlichen Mittelmeer sich der Olive zuwandten, liegt auf der Hand: Die ölige Frucht ist überaus nahrhaft und lässt sich gut haltbar machen, das herausgepresste Öl ist ein Allzweckmittel als Brennstoff, Speiseverfeinerung und sogar für Haut und Haar.

Das Olivenholz spielte dabei über Jahrhunderte eher eine Nebenrolle bei der Nutzung. Denn natürlich sollte – und soll – ein Olivenbaum möglichst lange Früchte tragen, bevor er geschlagen wird. Wenn ein Olivenstamm erst einmal auf der Seite liegt, ist sein Holz nur recht schwer so zu trocknen, dass es rissfrei bleib. Der Grund ist ein leichter (Wechsel-)Drehwuchs, der die Fasern unter einer gewissen Spannung hält. Spröde ist das harte Holz ohnehin, so dass sich Risse besonders leicht fortsetzen. Aufgrund seiner Härte wird Olivenholz mitunter sogar in die lose Gruppe der „Eisenhölzer" eingereiht. Obwohl es an sich nicht federt – und daher kaum Bewegungsenergie aufnimmt – sollen zu Homers Zeiten Axtstiele aus dem Holz des Olivenbaums gefertigt worden sein. Zu Werkzeugen verhält sich Olivenholz denn auch vergleichsweise aggressiv – mit verstärkter Abnutzung ist zu rechnen.

Doch es sind nicht die mechanischen Qualitäten, die Olivenholz in der Vergangenheit immer beliebter gemacht hat. Es ist vielmehr die Schönheit des Holzes, das bereits in kleinen Massivstücken durch die außergewöhnliche Zeichnung Geltung verschafft. Basierend auf einer an Leder erinnernden Grundfarbe, die von Gelbbraun bis Mittelbraun variieren kann, durchziehen dunkelbraune bis schwarze Adern das Kernholz. Je nach Ausprägung sind diese Streifen sehr kräftig oder auch nur millimeterfein. Der schmale Splintholzanteil mit seiner cremig-weißen Farbe fällt optisch deutlich ab. Das sehr dicht gewachsene Holz des Olivenbaums lässt sich nicht zuletzt durch ölige Bestandteile im Holz besonders gut polieren. Bei Drechslern ist es schon immer sehr beliebt, auch Parkett und Einlegearbeiten sowie Blasinstrumente werden aus dem Mittelmeer-Holz gefertigt. Der Ölgehalt kann an besonders stark betroffenen Stellen das Verleimen erschweren. Dennoch werden Furniere und auch massive Abschnitte aus Olivenholz schon seit Jahrhunderten für den Möbelbau der Spitzenklasse eingesetzt. Den im Handel erhältlichen Brettern und Bohlen des Ölbaums sieht man es an, dass der Baum nicht in erster Linie für die Holzgewinnung gepflegt wird. Die Bäume werden immer wieder gestutzt, um sie für die Ernte in erreichbarer Größe zu halten. Wer ein Brett findet, das länger als ein Meter ist, kann sich also bereits glücklich schätzen. Längere Abschnitte mit ähnlich anmutendem Holz kommen oft von einem verwandten Baum, der etwas größer gewachsenen Ostafrikanischen Olive.

Fein gestreift mit kräftigen Hell-Dunkel-Kontrasten

Wer die Olivenhaine Italiens, Griechenlands oder Spaniens so schätzt, wie sie über Hunderte von Jahren gepflegt wurden, reibt sich heute immer häufiger die Augen. Statt gewachsener, kleinteiliger Haine gibt es dort immer mehr gigantische Oliven-Forste, in denen die Bäume in Reih und Glied stehen. Kritiker machen dafür die EU-Förderungen verantwortlich, die nur Bauern unterstütze, die massiv auf maschinenoptimierten Olivenanbau setzen. Die Folge: An den Ackerrändern liegen Jahrhunderte alte, herausgerissene Olivenbäume – und vergammeln. Die Bürger Kölns halten da mehr auf die Olive: Erst 2008 wurden hier 170 Exemplare gepflanzt. Wie die „Rheinischen Tafeloliven" schmecken, ist leider noch nicht bekannt. (AD)

Das harte Olivenholz ist besonders in der Küche beliebt – schließlich findet sich dort auch das passende Öl.

Ein ganz harter Softie

Die Fruchtstände von *pterocarpus indicus* (Narrabaum) sehen fast aus wie gefüllte Pfannkuchen.

Fotos: Achim-Peter Gropius; wikimedia commons: Forest & Kim Starr, Judgefloro

Es gibt etwa 730 verschiedene Pterocarpus-Arten. Etwa 30 davon wachsen im Regenwald Afrikas, viele davon sind unter dem Handelsnamen Padouk erhältlich. So vielseitig wie seine Arten ist das korallenrote Holz: so dicht wie Eiche, aber viel leichter. Für Gitarrenbauer ist sein Klang entscheidend.

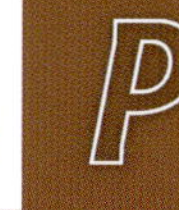

Padouk (Pterocarpus)

Natürliche Verbreitung: (Sub-)Tropische Zonen Afrikas und Asiens

Höhe: 40 Meter
Mittlere Rohdichte: 700 kg/m³

Sie heißen Muninga, Zitan, Narrabaum oder eben Padouk. Die vielen verschiedenen Arten, die die Botaniker unter der lateinischen Bezeichnung *„Pterocarpus"* zusammenfassen. Alle gehören zur Familie der Hülsenfrüchtler *(fabaceae)*. *Pterocarpus soyauxii* – Westafrikanisches Padouk – heißt auch Korallenholz. Und das zu Recht, denn das Holz dieses afrikanischen Vertreters hat zunächst eine wunderbare leuchtend rote Farbe. Doch die Farbe bleibt in Verbindung mit Licht nicht lange erhalten, sondern wechselt zu einem dunkleren, rötlichen Braunton. Dem Nachdunkeln kann man nur mit Isoliergrund und UV-Schutzmittel begegnen.

„Für ein Tropenholz ist es recht günstig zu bekommen, auch in größeren Mengen", sagt Gitarrenbaumeister Achim-Peter Gropius aus Reutlingen. Die Stämme werden bis zu 20 Meter hoch bei Stammdicken von bis zu einem Meter im Durchmesser. „Da bekommt man richtig Holz. Da kann man richtig aus dem Vollen bauen", sagt Gropius, der für seine Gitarren allerdings eher kleinere Stücke benötigt. Padouk gibt es zwar nicht FSC-zertifiziert, aber die Bestände sind auch nicht auf der Roten Liste geführt – mit einer Ausnahme. Rotes Sandelholz *(Pterocarpus santalinus L.f.)* ist seit 1995 streng beziehungsweise besonders geschützt nach dem Bundesnaturschutzgesetz (BNatSchG [BG]).

Für seine Instrumente verwendet Gitarrenbaumeister Achim-Peter Gropius gerne das rotbraune Holz des Afrikanischen Padouks *(pterocarpus soyauxii)*.

Ein Duft wie nach Mandel und Honig

Bereits im 17. Jahrhundert schätzten Adelige in Europa das rote Tropenholz. Vor allem Möbel, Fußböden und Furniere wurden aus Padouk hergestellt. Der Kunsttischler Abraham Roentgen hat im 18. Jahrhundert unter anderem eine Schatulle mit Padouk furniert. Dieses Kästchen ist heute noch im Roentgen-Museum in Neuwied zu sehen.

Heute wird Padouk drinnen und draußen verwendet, für Boote ebenso wie für Intarsien, Mess- und Musikinstrumente sowie Schmuck. Da kommen die Eigenschaften des Padoukholzes gut zupass, denn es ist abriebfest (mit 75 N/mm² liegt der Wert höher als der von Kiefer mit 55 N/mm²) und das Kernholz ist sehr haltbar und termitenfest. Das schätzen auch einheimische Nutzer, denn in den Ländern, in denen Padouk heimisch ist, verwendet man das Holz für Paddel beziehungsweise Ruder und landwirtschaftliche Geräte. Wie bei vielen Laubhölzern ist das Splintholz allerdings anfällig für Pilze und Insekten. Das Kernholz hat Streifen, Wellen und einen schönen Glanz, wenn man es poliert. Padouk lässt sich sehr gut polieren.

Beim Trocknen neigt Padouk wenig zum Reißen und wirft sich nur wenig. Beim Schleifen sollte eine gute Absaugung eingesetzt werden, weil der Staub unter Umständen Hautreizungen verursachen kann. Nägel, Schrauben und Leim halten gut in dem Holz, jedoch sollte man für Metallverbindungen in jedem Fall vorbohren. Soll das Holz mit einem Überzugsmittel behandelt werden, sollte ein Porenfüller eingesetzt werden.

Das Holz hat gute Eigenschaften für vielerlei Holzprojekte. Es eignet sich gut zum Schnitzen und Drechseln, etwa für Möbel- oder Messergriffe. Gitarrenbauer Gropius bemängelt nur, dass es sich schwer biegen lässt, wenn es nicht dünn genug ist. Das liegt an seinem hohen Durchschnittswert für die Biegefestigkeit: 134 N/mm² (zum Vergleich: die biegefreudige Kirsche hat einen Wert von durchschnittlich 95 N/mm²). Manche Partien des Padouk-Holzes seien von Wechseldrehwuchs betroffen. Die kann man dann nicht besonders gut hobeln. „Das hält sich aber in Grenzen", sagt der Meister.

Besonders gern habe Gropius das Holz in der Werkstatt, weil es bei der Bearbeitung einen wunderbaren Duft nach Mandel und Honig ausströmt. „Es riecht lecker." Natürlich hat er es vor allem wegen seiner klanglichen Eigenschaften ins Auge gefasst. „Es liegt irgendwo zwischen dem wohltönenden Ahorn und dem vollen Klang von Palisanderholz." (SEN)

Ein Edelholz für alle Sinne

Früchte des Rio-Palisander.

Fotonachweis: Schorn & Groh GmbH, Ulmia GmbH; Wikimedia Commons/HélioVL

Palisander ist in Schlössern, Instrumenten und Wohnzimmern aus den vergangenen 400 Jahren zu finden. Wegen seines feinen Duftes, seiner samtigen Oberfläche und seiner einzigartigen Farbgebung ist er auch heute noch heiß begehrt – doch eine Art, der Rio-Palisander, ist bereits vom Aussterben bedroht.

Ostindischer Palisander (Dalbergia latifolia)

Natürliche Verbreitung: Ostindien, Sri Lanka, Indonesien

Höhe: 25 Meter
Mittlere Rohdichte: 850 kg/m³

Palisander ist eines der edelsten Hölzer der Welt. Es hat einen angenehmen Duft, man erzielt seidige Oberflächen und es begeistert mit seinem faszinierenden Farbspiel in der Maserung. Wer „Palisander" verarbeiten möchte, stößt auf viele verwirrende Informationen. Zum einen heißen alle Palisandersorten auf Englisch „Rosewood". Als „Rosenholz" bezeichnet man im deutschsprachigen Raum aber nur eine einzige Sorte *(Dalbergia decipularis)*. Zum anderen benennen viele hiesige Gebrauchsnamen Hölzer als Palisander, die zwar zur gleichen Gattung gehören, etwa Santos-Palisander oder Königsholz. Allerdings gehört Santos zum Beispiel zu einer ganz anderen Familie. Rio-Palisander *(D. nigra)*, ostindischer Palisander *(D. latifolia)* und Honduras-Palisander *(D. stevensonii)* bilden den engsten Kreis der tropischen Edelhölzer mit der Bezeichnung „Palisander".

Das Holz des Rio-Palisanders ist eines der begehrtesten und wertvollsten der Welt. Ob Louis-XIV- oder Art-Deco-Möbel, Parkett oder Griffbretter für Gitarren: Es fand vom Barock bis ins 20. Jahrhundert hinein vielfältige Verwendung. Bereits im 15. Jahrhundert kamen erste „Brasilhölzer" über Portugal nach Europa. Größere Mengen importierten holländische Händler ab Mitte des 17. Jahrhunderts. Englische, skandinavische und französische Tischler verwendeten es fortan mit Vorliebe. Etwa ab 1780 kam es in England für Salonmöbel ganz groß in Mode. Bereits 30 Jahre zuvor nutzten einige Vorreiter Rio-Palisander bei Chippendale-Möbeln. Parallel wurde das Holz gerne für die Möbel des französischen Hofes verwendet. Im 19. und Anfang des 20. Jahrhunderts entdeckten deutsche Holzwerker das Palisanderholz für sich. Sie orientierten sich an Art-Deco-Künstlern wie Jacques-Émile Ruhlmann. Wer Produkte aus Rio-Palisander bewundern möchte, dem sei ein Besuch des Wiesbadener Schlosses Biebrich empfohlen. Um 1845 stattete Hoftischler Anton Bembé es mit Parkettböden und Möbeln aus.

Eine rare Schönheit

Die Nachfrage stieg im 20. Jahrhundert so sehr, dass Brasilien die Ausfuhr von Rio-Palisander 1968 weitgehend verbot. Seit 1992 wird der langsam wachsende Laubbaum durch das Washingtoner Artenschutzabkommen (Cites) geschützt.

Bis heute wird heftig diskutiert, ob man das Holz aus alten Beständen noch verarbeiten sollte. Man kann es Befürwortern nicht verdenken: Wer einmal den aromatisch-milden Duft nach Rose und Sandel gerochen, die samtig-feine Oberfläche berührt, die braun bis violett gefladerte oder gestreifte Maserung des Kernholzes gesehen und dem Klang eines Palisanderinstruments gelauscht hat, wird diesen Eindruck so schnell nicht vergessen. Weil Rio-Palisander nicht mehr im Handel ist, kann man bei Bedarf auf Bubinga oder Ostindischen Palisander zurückgreifen. Doch auch hier muss man beim Kauf genau hinschauen: Ostindischer Palisander ist auf der Liste der gefährdeten Arten (IUCN) als gefährdet (VU) gelistet und sollte nur als Plantagenholz gekauft werden. An der Feinheit der Poren lässt sich Palisander am besten unterscheiden.

Mit einer Rohdichte von 850 kg/m³ zählt Ostindischer Palisander zu den schwereren Hölzern. Das Holz ist sehr haltbar. Es trocknet langsam und neigt zu Rissen. Werkzeugklingen stumpfen daran schnell ab, am besten halten hartmetallbestückte Klingen. Schraub- und Nagellöcher müssen vorgebohrt werden. Lacke (vor allem bei 2-Komponenten- und Öl-Lacken) können durch die Inhaltsstoffe des Holzes geschädigt werden, daher sollte ein Sperrgrund aufgetragen werden. (SEN)

Schön und edel: Palisander adelt. Mess-Instrumente wie dieses Streichmaß werden aus Ostindischem Palisander gefertigt.

Ein Leichtgewicht wird populär

Weich, wenig Masse – und optisch macht es auch nicht so viel her. Pappelholz ist kein Star unter den Hölzern, eher ein Arbeitstier. Wer seine Qualitäten aber richtig einsetzt, wird belohnt.

Der typische Pappel-Flaum ist Bewohnern des ländlichen Raums im Frühjahr wohlbekannt.

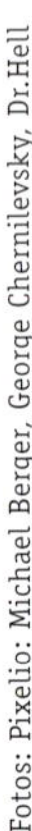
Fotos: Pixelio: Michael Berger, George Chernilevsky, Dr.Hell

Pappel (Gattung: Populus)

Natürliche Verbreitung: ganz Europa; Asien, Nordamerika

Höhe: bis 30 Meter
Mittlere Rohdichte: 450 kg/m^3
Höchstalter: 150 bis 200 Jahre

Preisfrage: Welcher Artikel aus Holz wird tagtäglich abermillionenfach genutzt und ist in jedem Haushalt zwischen New York und Rio, zwischen Kassel und Athen vorhanden? Richtig: Das Streichholz! Damit haben weltweit Milliarden Menschen ein Produkt in der Hand, das oft aus Pappel-Holz gefertigt ist – auch wenn es den meisten kaum bewusst sein dürfte.

Das ist typisch für die Pappeln: Es gibt kaum Bäume, die intensiver vom Menschen genutzt werden als die Mitglieder der Gattung „Populus". Und dennoch hat gerade das Holz keinen allzu glanzvollen Ruf: Es geht halt schnell in Rauch auf, hat aber sonst keinen Glamour. Dabei steckt es in zahlreichen Gebrauchsgegenständen vom Tischtennisschläger bis zur Spanplatte.

Je nach Zählweise gibt es weltweit zwischen zwei Dutzend und 90 Pappelarten. Allen gemein ist, dass sie in einem Streifen siedeln, der die nördliche Erdhalbkugel in den gemäßigten Breiten umschließt. In Mitteleuropa kommen vor allem die Silber- und die Schwarzpappel vor, ebenso die Grau-Pappel, eine natürliche Mischform aus mehreren anderen Arten. Das Holz dieser drei ist so ähnlich, dass nach dem Einschlagen nicht mehr unterschieden wird, von welcher Art es kommt.

Die vierte wichtige heimische Pappel ist die Zitter-Pappel, auch als Espe oder Aspe bekannt. Sie nimmt eine Sonderstellung ein, denn sie ist ein Splintholzbaum. Das bedeutet, dass Splint- und Kernholz mit bloßem Auge nicht voneinander zu unterscheiden sind.

Pappelholz ist im getrockneten Zustand in der Regel weißlichhell mit nur schwachen Färbungen in die Brauntöne hinein. Früh- und Spätholz-Bereiche (die Jahrringe) lassen sich nur bei genauem Hinsehen voneinander unterscheiden. Im tangentialen Anschnitt ist bei Pappelholz daher auch keine markante Fladerung zu erwarten: Eine Schönheitskonkurrenz gewinnt Pappelholz in der Regel nicht. Und obendrein ist sie auch nicht besonders widerstandsfähig gegenüber Schädlingen.

Auch wenn man schöne Möbel aus Pappel bauen kann – als Gebrauchsholz, etwa für Zündhölzer, ist Pappel noch viel wichtiger.

Erstaunlich wenig Gewicht für ein Laubholz

Wer aber einmal ein Stück in die Hand nimmt, ist beim ersten Mal sehr überrascht. Für ein Laubholz ist Pappel ungewöhnlich leicht und auch alles andere als druckfest. Es ist jedoch zäh, vergleichsweise biegefest und hat durch seine faserige Oberflächenstruktur eine besondere Fähigkeit zum Selbstschutz. Frei liegende Fasern vernetzen sich wieder und bilden so eine Schutzschicht, die auch gegen Abrieb gefeit ist. Deshalb und weil es so leicht ist, war Pappelholz daher das beliebteste Material für provisorische Bautreppen. In Westfalen und den Niederlanden waren genau aus diesen Gründen die traditionellen Holzschuhe aus Pappelholz. Holzschuhmacher gab es früher nahezu auf jedem Dorf oder die Bauernfamilien machten sie in Winterarbeit gleich selbst. Jeder, der Pappelholz bearbeiten will, sollte auf besonders scharfe Schneiden achten. Durch den Hang zur Faserigkeit ist sonst keine hohe Oberflächengüte zu erreichen. Für Schnitzer und Drechsler ist die Pappel gerade auf Einsteigerniveau ein gutes, weil gutmütiges und recht schnell zu bearbeitendes Holz. Tischler verwenden es heute nur selten; es gibt aber an sich dafür keinen weiteren Grund. Der beste Beweis dafür: Im Biedermeier hatten Pappel-Möbel vor allem in höheren Berliner Kreisen Hochkonjunktur. Von Johann Wolfgang von Goethe ist überliefert, dass er für seine Frau Christiane 1809 zwei kleine Schränke in Auftrag gab. Sie wurden in Jena gefertigt – aus feinem Pappelholz.

Heute besitzen Pappeln weltweit ihren festen Stellenwert in der Forstwirtschaft. Vor allem in China werden gigantische Flächen – mehrere Millionen Hektar – mit den extrem schnell wachsenden Hölzern bepflanzt. Schon nach 25 bis 30 Jahren lassen sie sich ernten und verwerten. Hauptabnehmer sind dabei die Papierindustrie sowie Hersteller von Spanplatten und anderen Holzerzeugnissen. Als Schälfurnier wird Pappelholz auch für die Produktion leichter Sperrhölzer verwendet – die Qualitätsunterschiede sind dabei aber sehr hoch. Weil sich Pappelholz auch passabel als Brennstoff eignet, werden teilweise sogar jüngere Bestände abgeerntet. Ihr Weg führt dann als Holzpellet in Heizanlagen. (AD)

Ganz leicht – und doch stabil

Fotos: WeGrow GmbH, wikimedia commons: Rimavská_Sobota, Tangopaso

Die Fruchthülsen des Kiribaums sind etwa haselnussgroß.

Sie heißt nach einer Prinzessin, wächst noch schneller als Balsa und hat interessante Eigenschaften für alle Holzwerker: Paulownia. Ursprünglich in Asien beheimatet, gibt es erste Versuche, den auch als Kiri oder Blauglockenbaum bekannten Baum in Europa nutzbar zu machen. Ein nicht ganz unproblematisches Unterfangen.

Blauglockenbaum (Paulownia Tomentosa)

Natürliche Verbreitung: Ost-Asien

Höhe: 15 Meter
Mittlere Rohdichte: 330 kg/m³
Höchstalter: 70 Jahre

Die Zeiten für den Blauglockenbaum als Zierbaum in Europa könnten bald vorbei sein. Auch die Zeiten, da man Paulownia-Holz einzig als vorgefertigte billige Baumarktware bekommt, könnten enden. Doch nicht etwa, weil der asiatische Baum vom Aussterben bedroht wäre. Sondern weil ein junger Agrar-Ingenieur aus Deutschland eine pfiffige Idee im Studium hatte.

Neun Paulownia-Arten sind bekannt. Der als Zierbaum bekannte Blauglockenbaum (Paulownia tomentosa) ist nicht besonders gut zur Holzproduktion geeignet. Der Baum, den zum ersten Mal der Nürnberger Naturforscher Franz von Siebold im 19. Jahrhundert nach Europa brachte, wächst nicht gerade und hat viele Äste. Von Siebold war es, der den Baum nach der niederländischen Kronprinzessin Anna Pawlowna, Paulownia, benannte. Als Zierbaum ist Paulownia schön anzusehen. Äste und krumme Stämme aber setzen die Qualität des Holzes herab. Doch kann man dem Baum seine guten inneren Werte entlocken?

Man stelle sich vor: Peter Diessenbacher erforscht im Studium eine Baumart, die ein leichtes, gut zu bearbeitendes und schnell gewachsenes Holz produziert. Im Gegensatz zu dem als das leichteste Holz geltende Balsa (mittlere Rohdichte 160 kg/m³, wir berichteten, Heft 48) ist das Kiriholz deutlich stabiler und bricht nicht so leicht. Erste vielversprechende Eigenschaften also.

Kiriholz lässt sich gut polieren und hat dann einen seidigen Glanz, sogar mit leichter Tiefenwirkung, wie es manchmal bei Maserknollen der Fall ist. In den Ursprungsländern China und Japan verarbeitet man Kiriholz schon seit Jahrhunderten zu leichten Möbeln und anderen Einrichtungsgegenständen. Dort entspricht das Holz den ästhetischen Ansprüchen und hat einen großen Absatzmarkt. Da es schwer entflammbar ist, bauen japanische Tischler häufig Schränke daraus, um die kostbaren Kimonos darin aufzubewahren. Auch im Innenausbau war und ist das Holz der Paulownia dort ein beliebter Rohstoff, denn damit lässt sich eine gute Wärmedämmung erzielen. Die Klangeigenschaften überzeugten asiatische Musikinstrumentenbauer.

Nachteil für den europäischen Markt: Der Baum wuchs bisher ausschließlich in Asien, das Holz wird vorwiegend in Großcontainern nach Europa verschifft. Das macht bei geringer Nachfrage das Holz für Händler uninteressant. Größere Firmen wie Baumärkte können große Mengen abnehmen, doch nur in vorgefertigten Abmessungen und in Qualitäten, die eher für Bastelprojekte und Leinwände für Maler taugen.

Forscher Peter Diessenbacher hat herausgefunden, dass das Holz des Kiribaums eine andere Qualität hat, wenn es nicht aus tropischem, sondern aus gemäßigtem Klima stammt. Könne man das in Asien schnell gewachsene Holz eher als Konstruktionsholz oder als Ersatz für Balsaholz verwenden, so sei das im kühleren Klima gewachsene Kiriholz für viele Anwendungen bestens geeignet, sagt Diessenbacher. Kajak-, Surfboard-, Wohnmobil- und Bootsbauer könnten die Stabilität des leichten Holzes schätzen, die Balsaholz nicht liefern kann. Drechsler dürften sich darüber freuen, dass das dekorative Holz wenig zum Reißen neigt. Und Schnitzern könnte das gut formbare Kiriholz die Arbeit enorm erleichtern. Gerade für Einsteiger ist dieses Holz gut geeignet, weil es wenig splittert oder bricht. Nicht geeignet ist das weiche Holz für alle Flächen, die vielen Belastungen standhalten müssen wie Schneidbretter, Fußböden oder Tischplatten. Wer aber die mimosenhaften Rigipswände in seinem Heim hat, könnte ein Regal aus leichtem Kiriholz zu schätzen wissen.

Diessenbacher hat im Labor eine Hybride entwickelt, die besonders gerade wächst, eine solide Struktur hat und innerhalb von zehn Jahren erntereif ist. Damit brauchen die hiesigen Bäume zwar länger als in Asien, jedoch verbessert der „langsame Schnellwuchs" die Qualität des Holzes. Seinen Pflanzen wurden die Möglichkeiten zur Verbreitung genommen. Vorteilhaft für die Plantagenwirtschaft: Der Baum wird sich nicht unkontrolliert aussähen.

Vor fünf Jahren gründete Diessenbacher eine Firma und pflanzte Kiribäume in Plantagen an. So begann das Projekt mit kleinen Setzlingen, und in weiteren fünf Jahren ist das erste Kiriholz aus Deutschland erntereif. Dann wird es hier zu kaufen sein. Weitere Informationen gibt es im Internet unter www.wegrow.de. Wir sind gespannt, ob das Holz hier den Markt erobern kann. (SEN)

Reiche Ernte an Holz und Früchten

Eine Augenweide sind die Obstbäume, wenn sie in voller Blüte stehen.

Fotos: Stefan Dinse, Firma Moeck Musikinstrumente, Pixelio, Andreas Duhme

Wenn es exquisit sein soll, gleichzeitig hart und dann noch aus der heimischen Natur, dann fällt die Wahl in den vergangenen Jahren wieder verstärkt auf das Holz der Pflaume.

Pflaume (Prunus domestica)

Natürliche Verbreitung: Vorderasien, heute bis Mitteleuropa

Höhe: 10 bis 12 Meter
Mittlere Rohdichte: 800 kg/m³
Höchstalter: 60 Jahre

Wunderschöne, rot-braune Anleimer verleihen Designer-Möbeln erst die richtige Optik – ein Trend, der zum Beispiel auf großen Möbelmessen nicht zu verkennen ist. Messergriffe aus Pflaumenholz gehören zu den Klassikern der Verwendung. Und natürlich ist bei einem wertvollen Baum wie der Pflaume auch das dünne Furnier heiß begehrt. So lassen sich auch größere Teile wie Tischplatten mit der farbenfrohen Schönheit belegen.

Ein Spiel der Farben bietet das Obstholz noch deutlich stärker als zum Beispiel Birnbaum: Direkt nach dem Einschlag ist Pflaumenholz kräftig-rot bis violett. Allmählich und mit einsetzender Trocknung kleiden sich die Fasern in einem anmutigen Rot-Braun. Daher ist es kein Wunder, dass das Holz der Pflaume als eines der schönsten einheimischen Hölzer gilt.

Dabei muss es tatsächlich das Holz der Pflaumen heißen, denn hinter „Prunus" (Latein für „Pflaumenbaum") verbirgt sich eine große Gruppe von Bäumen und Sträuchern. Aprikose, Schwarzdorn und auch die Mandel sind so gesehen enge Verwandte der Pflaume. Aber selbst wer den Begriff enger fasst, erntet noch viele Ergebnisse. Die Pflaume schlechthin ist die „Prunus domestica" mit ihren runden Früchten. Genauso bekannt ist die ovale, spitzer zulaufende Zwetschge, die in der Frucht etwas kleiner ausfällt. An sich ist die Zwetschge eine biologische Unterart der Pflaume, aber das ist zwischen Main und Südtirol einerlei: Hier ist jede Pflaume eine Zwetschge, Zwetschke oder Zwetsche. Oder gar eine Quetsche, wie im Saarland und in der Pfalz. Sprachforscher vermuten, dass diese Bezeichnungen auf „Damaszener" und damit auf Damaskus zurück geht. Die syrische Hauptstadt war seit der Antike ein Zentrum des Pflaumenhandels. Aus der Levante und Vorderasien über den Balkan wurde die Pflaume vor mehr als einem Jahrtausend auch nach Mitteleuropa gebracht.

Für Holzblasinstrumente ist das Holz der Pflaume noch heute beliebt.

Keine Schönheit ohne Makel: Pflaume reißt leicht

Ob Zwetschge oder Pflaume, dem Holz sieht man den Unterschied nach dem Fällen meist nicht an. Der blass-weiße oder gelbliche Splintbereich ist nur ein schmaler Ring am Stammquerschnitt. Er wird manchmal direkt nach dem Einschlag entfernt, um die Rissneigung zu mindern. Weiter innen findet sich das feinporige und mit dezenten Holzstrahlen durchsetzte Kernholz. Der kaum zehn Meter hohe Obstbaum neigt zu Wachstumskapriolen; Drehwuchs ist seine Spezialität. Nur selten finden sich daher brauchbare Stammabschnitte, die mehr als einen Meter Länge haben. Und selbst in diesen eher kurzen Abschnitten sitzt so viel Spannung, dass auch bei fachkundiger Trocknung und Lagerung viele Risse entstehen können. Es liegt daher auf der Hand, warum Pflaumenholz immer schon für kleinteilige Projekte verwendet wurde: Küchenutensilien, Messergriffe oder eben Zierleisten und Anleimer an größeren Möbeln sind klassische Verwendungen für das Obstholz. Auch für Blasinstrumente in tieferen Tonlagen wird heute noch Zwetschgenholz verwendet. Für Einlegearbeiten und Intarsien ist Pflaume aufgrund seiner Farbigkeit natürlich prädestiniert. Das Holz der Pflaume wächst recht dicht und bietet genügend Härte für Nutzgegenstände. In der Bearbeitung fügt es sich, wenngleich etwas spröde, den Schneiden gut. Daher ist es auch bei Drechslern beliebt. Allerdings ist dabei schon manches fast fertige Schalenkunststück der nachträglichen Rissbildung zum Opfer gefallen. Ist ein Stück aber erst einmal vollendet, kann ein wenig Extra-Arbeit die natürliche Schönheit der Pflaume noch betonen: Zum Polieren eignet sich das Holz sehr gut. Wer die ursprüngliche Farbe des Holzes möglichst lange konservieren will, kann zu Oberflächenmitteln mit eingebauter Lichtschutz-Funktion greifen. Ganz aufhalten lässt sich der Prozess der Farbveränderung indes nicht. In der freien Natur werden Pflaumen- und Zwetschgenbäume nur selten älter als 50 Jahre: Neben Axt und Kettensäge ist Pilzbefall der wichtigste natürliche Feind. Daher ist auch das verarbeitete Holz nicht widerstandsfähig gegen Sporen.

Neben dem spektakulären Holz bietet die Pflaume dem Menschen vielfachen weiteren Nutzen. Schon die mittelalterliche Gesundheitsexpertin Hildegard von Bingen riet, warmen Harz des Pflaumenbaums gegen Augenleiden aufzutragen. Brandaktuell dagegen Produkte für die Zahnpflege aus dem Schoß der Pflaume: Zahncreme aus der Asche dieses Holzes soll den Schmelz pflegen und dem Zahnstein und der Parodontose den Garaus machen: Genau das richtige, nachdem man in ein Brot mit leckerem Pflaumenmus oder einen Zwetschgendatschi gebissen hat! (AD)

Naturwunder aus Menschenhand

Das Laub, das Holz, das Furnier – alles lässt sich auf den ersten Blick mit anderen Bäumen verwechseln. Doch die heimische Platane hat ihren ganz eigenen Charakter. Schließlich ist die erst 350 Jahre alte Züchtung ein Jungspund unter den Bäumen Europas.

Die kugelige Sammelfrucht der Platane enthält viele kleine Nüsschen als Samenträger.

Fotos: Wikimedia Commons, Musikhaus Hauser AG, Schweiz

Ahornblättrige Platane (Platanus x acerifolia)

Verbreitung: Mittel- und Südeuropa, Britische Inseln

Höhe: bis 45 Meter
Mittlere Rohdichte: 620 kg/m³
Höchstalter: vermutlich über 500 Jahre

Wenn der Mensch in die Natur eingreift, sind viele Menschen schnell misstrauisch. In Zeiten der Gen-Manipulation haben neue Pflanzenarten oft gar keinen guten Leumund. Dass Züchtungen aber auch wahre Prachtergebnisse hervorbringen können, beweist kaum eine Pflanze besser als die Platane.

Was viele nicht wissen: Unsere Platane, die Alleen, Parks und Gärten in ganz Mitteleuropa ziert, ist ein ganz junges Pflänzchen – zumindest nach naturgeschichtlichen Maßstäben. Sie entstand erst vor rund 350 Jahren als Ergebnis einer gelungenen Kreuzung: Pate standen die gerade erst aus Nordamerika eingeführte „Abendländische Platane“ auf der einen Seite und auf der anderen die „Morgenländische Platane“. Mit ihrer breiten und kugeligen Krone war das Morgenland-Gewächs in Südeuropa von Italien, Griechenland bis nach Kleinasien und in den Kaukasus so etwas wie die Linde hierzulande: Ein groß (bis 50 Meter) gewachsener Hausbaum, unter deren ausladendem Blätterdach altgriechische Philosophen ihren Schülern Bildung und Weisheit vermittelten.

Es ist nicht eindeutig belegt, wo in der frühen Neuzeit die Vermählung der beiden Arten stattfand; in Spanien oder in England. Das Ergebnis hat jedenfalls vor allem die Briten auf der ganzen Linie überzeugt, denn auf der Insel wurde das Kreuzungsergebnis, die „Ahornblättrige Platane“ (Platanus x acerifolia) bald eifrig angepflanzt. Noch heute haftet dem Baum dort der Name „English plane“ oder „London plane“ an. Mit „Bastard-Platane“, „Gemeine Platane“ oder „Hybrid-Platane“ war man aber auch hierzulande in Sachen Taufnamen für die neue Baumart nicht untätig.

Aus der Ferne eher ruhig, offenbart sich Platanenfurnier wie bei diesem Klavier vor allem von Nahem als „spiegelnde“ Schönheit.

Bis zu 45 Meter können die „Ahornblättrigen“ groß werden, und welches Alter sie erreichen mögen, ist noch völlig unklar: Es gibt 300 Jahre alte Exemplare, die munter wachsen. Biologen trauen der gekreuzten Platane auch gut und gerne 500 Jahre zu. Charakteristisch ist bei ausgewachsenen Bäumen die (sofern nicht beschnittene) ausladende Krone und die in großen Platten abblätternde Borke. Sie verleiht der Platane ihr typisch geschecktes Aussehen am Stamm, der bis zu 120 Zentimeter Durchmesser erreichen kann. Die Blattform erinnert tatsächlich stark an das typische fünfzackige Ahorn-Laub, weshalb es hier zumindest auf den ersten Blick zu Verwechslungen kommen kann.

Viele Verwechslungen möglich

Auch das Holz der Platane führt den flüchtigen Betrachter erst einmal in die Irre. Mit der rötlichen Kernfarbe (Splint: weißlich) und den eng liegenden, kleinen dunklen Tüpfeln erinnert das Holz an Rotbuche. Spätestens beim Blick auf ein im Radialschnitt gefertigtes Stück Furnier offenbaren sich die Unterschiede: Platanenholz bietet hier sehr breite und glänzende Streifen, die als „Spiegel“ angeschnittenen Holzstrahlen. Das ansonsten eher unscheinbare Holz wird in dieser Anschnittart plötzlich zu einer echten Schönheit.

Furnier ist daher heute auch die wichtigste Anwendung für das Holz. Platanen-Spiegelfurnier ist häufig als „Lacewood“ im Handel, nicht zuletzt für den Bau edler Musikinstrumente wie Gitarren. Abermals droht hier Verwechslungsgefahr: Als Lacewood wird auch eine nur in Australien heimische Eichen-Art bezeichnet. Aus der Platane werden außerdem Maser-Furniere gewonnen; speziell gefärbtes Furnier („Harewood“) ist für hochwertige Einlegearbeiten sehr gefragt.

Das Massivholz ist in der Werkstatt ein richtiger Allrounder. Es ist etwas leichter als Rotbuche, aber es schwindet und wirft sich beim Trocknen ebenso stark. Platanenholz lässt sich gut bearbeiten, allerdings muss besonders im Radialbereich auf die angeschnittenen Holzstrahlen geachtet werden. Bei unscharfem Werkzeug oder zu viel Krafteinwirkung können sie ausbrechen. Das Holz des Kernholzbaums lässt sich auch gut bedrechseln und schön polieren.

Beliebt ist die Platane einst wie heute als Schattenspenderin mit üppiger Krone und als duldsamer und deshalb skurril formbarer Gartenbaum. Als Alleebaum ist sie noch beliebter, seitdem bekannt ist, wie unempfindlich sie gegen Autoabgase ist. Doch neuerdings droht ihr Gefahr: Mit der Platanengitterwanze ist ein neuer Schädling eingewandert, der der Platane ähnlich zusetzt wie die gefährliche Miniermotte den Kastanien. (AD)

Das Holz des Lebens

Was bringt ein U-Boot unter das ewige Eis? Was macht Ostfriesen richtig Spaß und versprach Heerscharen von Schwerkranken Linderung? All das kann nur das Pockholz, das es als das härteste und dichteste Holz überhaupt in jede Rekordsammlung schafft.

Ein Pockholz-Baum: eher klein und nicht weiter auffällig. Sein Holz hingegen ist das härteste und dichteste, das Biologen bisher entdeckt haben.

Fotos: Cropp Timber; Wikimedia Commons: Forest & Kim Starr

Guiaiacum officinale; Guiaiacum sanctum

Natürliche Verbreitung: Süden der USA, Karibik bis Venezuela

Höhe: bis 20 Meter
Mittlere Rohdichte: 1.200 kg/m³
Höchstalter: unklar

Knallhart und schmiert sich selbst: Eine Stopfbuchse aus Pockholz.

Kaum hatte Christoph Columbus Amerika entdeckt, machten die von den spanischen Seeleuten mitgebrachten Waren und Naturprodukte in Europa die Runde. Als von Silber und Gold noch nicht die Rede war, kamen bereits exotische Pflanzen und auch Hölzer aus dem vermeintlichen „Westindien" in die Häfen der alten Welt. Dabei muss es auch ein Stamm oder Ast eines „Guaiacum"-Baums auf die Britischen Inseln geschafft haben: Denn dieses Wort aus der Sprache von auf den Bahamas beheimateten Indianern gilt als das allererste amerikanische Wort, das Eingang ins Englische gefunden hat. Und das bereits 1533!

„Guajak" bezeichnet als Gattungsbegriff etwa ein halbes Dutzend Baumarten, die von Texas und Jamaika über Mittelamerika bis hinunter nach Venezuela vorkommen. „Guiaiacum officinale" und „G. sanctum" sind die beiden Arten, die das begehrte Pockholz liefern. Bereits 1508 brachten Spanier die ersten Proben nach Europa. Wahrscheinlich hatten Sie von den Indios die heilsame Wirkung der zu einem Sud verkochten Späne kennengelernt. „Palo santo", heiliges Holz, nannten sie es, auch der Name „Lignum vitae" (Lebensholz) breitete sich aus. Im deutschsprachigen Raum setzte sich „Pockholz" durch. Der Aufguss daraus heile die Pocken, hieß es über Jahrhunderte (was nie bewiesen wurde). Bei der im 16. Jahrhundert grassierenden Syphilis verschaffte Pockholz-Sud den Kranken tatsächlich Linderung, und noch heute haben „Guajak"-Produkte ihren festen Platz in der Medizin.

Wieso allerdings wurden die Europäer so bald auf das unscheinbare Gewächs aus den tropischen Trockenwäldern Mittelamerikas aufmerksam? Nur etwa zehn Meter wird das Gehölz im Schnitt hoch, beim Stammdurchmesser gelten schon 50 Zentimeter als viel. Nicht sehr eindrucksvoll – bis es ins Wasser fällt: Pockholz ist so dicht, dass es untergeht wie ein Stein. Mit bis zu 1,4 Tonnen pro Kubikmeter ist es das dichteste Holz überhaupt. Abgesehen von einem kleinen, hellen Splintbereich ist das Kernholz satt braun bis streifig grün und sehr stark mit Harzen durchsetzt.

Fast so hart wie Aluminium

Falls Columbus' Schiffszimmermann je an ein Exemplar die Axt angelegt hat, wird er überrascht gewesen sein: Pockholz ist extrem schlecht zu bearbeiten und stumpft Werkzeugschneiden durch seine schiere Härte sehr schnell ab.

Beim Janka-Härtetest für Hölzer wird eine etwa elf Millimeter große Stahlkugel bis zur Hälfte ihres Durchmessers in das Material gedrückt. Gemessen wird dabei die benötigte Kraft (wenngleich sich die Forschergemeinschaft bis heute nicht auf eine Einheit festgelegt hat). Pockholz kommt bei diesem Test auf eine Janka-Kennzahl von 4.500. Eiche erreicht je nach Art gerade einmal 1.500, andere tropische Harthölzer wie Bubinga (2.000) und selbst Ebenholz (3.300) bleiben weit zurück.

Diese für ein gewachsenes Naturprodukt unvorstellbare Härte wurde schon immer geschätzt, nicht zuletzt bei der Produktion von Polizei-Schlagstöcken und ostfriesischen Boßel-Kugeln. Im Möbelbau kommt Pockholz quasi nicht vor, eben weil es schwer zu bearbeiten ist und sich auch mit Leimen und Oberflächenmitteln nur bedingt verträgt.

Für Hobel nicht wegzudenken

Die unvergleichliche Härte macht das Material aber zu einer erstklassigen Wahl, wenn es um die hoch beanspruchte Unterseite von Hobeln geht. Sohlen aus Pockholz sind hier ein Zeichen gehobener Qualität. Aus Techniker-Sicht war es aber eine weitere, faszinierende Eigenschaft, die Pockholz zu einem fast universellen Mechanik-Werkstoff werden ließ: Das Holz kann sich selbst schmieren und gegen das Eindringen von Wasser abdichten!

So gab es in der frühen Neuzeit und in der Industrialisierung kaum ein Holz, das an mechanisch beanspruchten Stellen so gerne eingesetzt wurde. Pockholz lieferte das Material für Takelage-Teile und nicht zuletzt (und bis heute) für Stopfbuchsen. Stopfbuchsen sind der Bereich an motorgetriebenen Schiffen, an denen die Antriebswelle den Rumpf durchstößt, um außen die Schraube aufzunehmen. Wartungsfreie, drehbare Lagerung und dabei sicheres Abdichten gegen eindringendes Wasser: Pockholz war (und ist bei kleineren Fahrzeugen immer noch) das Material der Wahl. Als das U-Boot Nautilus seine Premierenfahrt unter dem Arktis-Eis machte, war es selbstverständlich eine Stopfbuchse aus Pockholz, die das Eiswasser draußen und die Schraube beweglich hielt. (AD)

Faulheit kommt gar nicht in Frage

Die markanten Samenkapseln sind ein gutes Erkennungszeichen der Robinie.

Zäh und hart, biegsam und unglaublich widerstandsfähig gegen Fäulnis: Robinie ist vor allem für Draußen-Projekte wie geschaffen. Der Einwanderer aus Nordamerika ist bereits seit 400 Jahren in Europa heimisch – und fühlt sich manchmal schon zu wohl.

Fotos: Wikimedia commons: Bogdan, Schlurcher; Firma Rheber Holz Design

Robinie (Gewöhnliche Robinie, Robinia pseudoacacia)

Natürliche Verbreitung: Östliche USA, heute auch Europa und Asien

Höhe: 30 bis 40 Meter
Mittlere Rohdichte: 720 kg/m^3
Höchstalter: ca. 150 Jahre

Es ist wie mit vielen aus der Ferne geholten Tier- und Pflanzenarten: Sie machen sich in der neuen Heimat breit, haben keine natürlichen Feinde und verändern die natürliche Umgebung stark. Auch die Robinie ist da keine Ausnahme. Sie hortet Stickstoff besser als andere und verschafft sich so Standortvorteile. In der angestammten Heimat USA (von Pennsylvania bis Oklahoma) werden die schnell wachsenden Robinienschößlinge nach wenigen Jahren von Konkurrenten überholt und ums Sonnenlicht gebracht. In Europa schafft das aber kaum ein Baum: Robinien setzen sich oft durch, nicht überall zur Freude der Förster und Gärtner, die sie lokal sogar bekämpfen. Allerdings überwiegen die Vorteile des Immigranten die Nachteile bei weitem.

Benannt ist die „Gewöhnliche Robinie", die irreführend auch oft als „Falsche Akazie" bezeichnet wird, nach einem besonderen Pflanzenfreund. Der französische Hofgärtner Jean Robin stand Pate, weil er im 17. Jahrhundert die ersten europäischen Robinien in den königlichen Ziergärten rund um Paris setzte. Und er wurde belohnt: Der sommergrüne Laubbaum wächst schnell, blüht sehr dekorativ und fällt besonders ins Auge, weil er erst spät ergrünt. Sobald die weißen Blüten der Robinie geöffnet sind, dienen sie Bienen und Insekten als zuckerreiche Leibspeise. In Brandenburg, wo der Baum häufig vorkommt, stammen 60 Prozent des Honigs aus Robinienblüten. Verkauft wird der dann allerdings meist als „Akazienhonig".

Nachdem die ersten Exemplare ausgewachsen waren und gefällt wurden, erkannte man auch in Europa die ausgesuchte Qualität des Holzes: Robinienholz ist sehr dauerhaft, hart und dennoch zäh, vergleichsweise dicht gewachsen und ringporig. Das schmale Splintholz ist hellgelb bis hin zu einem Grünstich, das Kernholz gelbgrün bis braun, ebenfalls mitunter mit grünlicher Färbung. Nach einiger Zeit an Licht und Luft bekommt das Kernholz einen angenehm warmen, goldbraunen Ton. Wenn es altert, kann das Kernholz ein wenig unangenehm riechen, weil sich durch Zerfallsprozesse Cumarine bilden.

Robinie scheut den Vergleich mit Tropenholz nicht

Diese leichte Note tut der Nutzung des Robinienholzes allerdings keinen Abbruch, denn es wird wegen seiner überragenden Wasserbeständigkeit vor allem im Außenbereich eingesetzt. Klettergerüste, Schaukeln und Wippen auf Spielplätzen entstehen heute häufig aus diesem Holz, das durch seine Inhaltsstoffe Fäulnis noch deutlich länger als Eiche Widerstand bietet. Fenster und Außentüren sind somit ein selbstverständliches Verwendungsgebiet. Schiffsplanken, Fässer und Schindeln sind weitere Einsatzzwecke für die Robinie. Mit diesen Qualitäten ist sie ein sehr guter Ersatz für den zumeist zu Recht kritisierten Einsatz von Tropenholz. Das gilt nicht zuletzt für Gartenmöbel.

Ähnlich wie Esche und Hickory kann Robinienholz sehr gut mit dynamischen (Schlag-)Belastungen umgehen. Aus diesem Grund wird es ebenso gerne im Bogenbau eingesetzt. Robinienholz lässt sich recht gut mit gängigen Oberflächenmitteln behandeln, also gut lackieren, ölen und wachsen. Auch polieren kann man es passabel. Das langfaserige Holz lässt sich nur schwer spalten und neigt beim Nageln zum Splittern.

Als Furnier wird Robinie eher selten verarbeitet. Der Grund liegt in der eigenwilligen Wuchsform der schnell in die Höhe schießenden Robinie, die meist bereits im Alter von 40 bis 50 Jahren geschlagen wird. Der Stamm ist häufig krumm, unrund oder als Gabel („Zwiesel") gewachsen. Die meisten Stämme sind auch nicht dicker als 30 bis 40 Zentimeter. Keine guten Voraussetzungen für das Messern im Furnierwerk und generell keine Eigenschaften, die Förster und Holzhändler in Mitteleuropa begeistern. Daher hatte die Robinie lange Zeit einen zweifelhaften Ruf als schlechter Ertragsbringer. Allmählich aber ändert sich das Bild. In Ungarn stehen heute große Robinienwälder, die fast ein Fünftel der dortigen Forstfläche ausmachen. Insgesamt belegt die Robinie hinter Pappel und Eukalyptus Platz drei der am intensivsten genutzten Bäume in den Forsten weltweit. Wegen der zunehmenden Bedeutung als Austausch für Tropenholz könnte die Robinie auch in Mitteleuropa noch an Bedeutung zunehmen.

Ob sich Jean Robin den Erfolg seines Imports aus Nordamerika hätte träumen lassen? Das ist kaum vorstellbar. Und es scheint, als habe die Robinie ihre große Karriere als Nutzholz der Spitzenklasse in Mitteleuropa noch vor sich. (AD)

Einsatz im Außenbereich: Gartenhäuser sind eine typische Verwendung für die Robinie, die es in Sachen Resistenz mit Tropenhölzern aufnimmt.

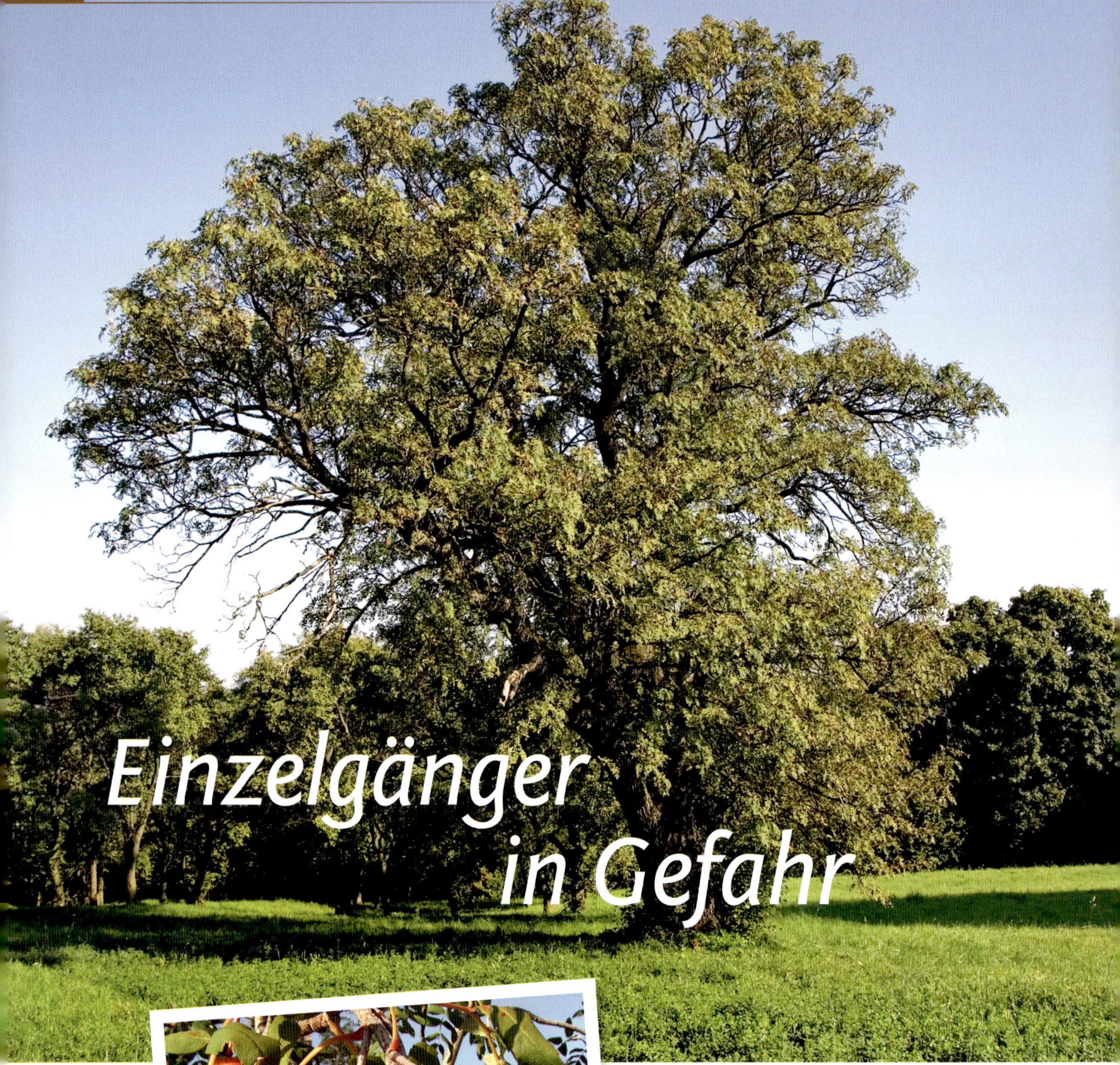

Einzelgänger in Gefahr

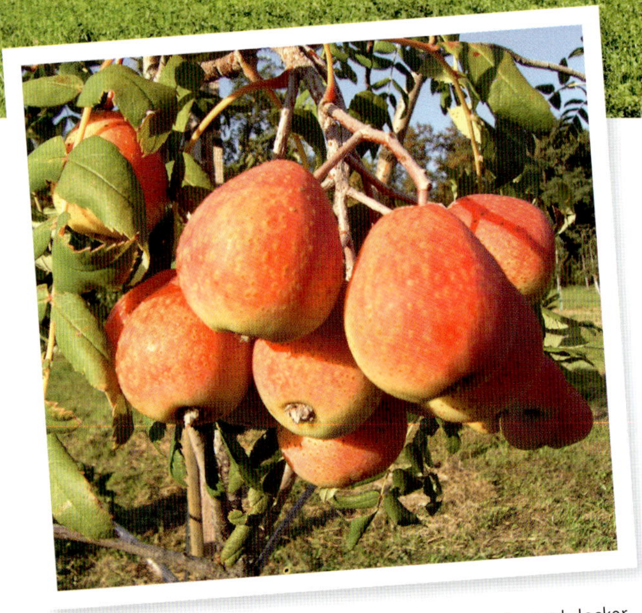

Nicht Apfel und nicht Birne: Die Speierlingsfrüchte sehen roh lecker aus, sind aber ungenießbar.

Fast ausgerottet, doch heute wieder sehr geschätzt: Der Speierling ist ein heimischer Baum der Extraklasse. Und sein Holz sowieso!

Fotos: Christian Wolf, speierling.de, urholz.de

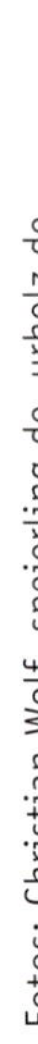

Speierling (Sorbus domestica)

Natürliche Verbreitung: Frankreich, Italien, Balkan,

Mitteleuropa vereinzelt
Höhe: 25, vereinzelt bis 30 Meter
Mittlere Rohdichte: 880 kg/m³
Höchstalter: 300 bis 400 Jahre

Für außergewöhnliche Möbel wie dieses aus der Tischlerei „Urholz" kommt Speierling zum Einsatz. Dabei gilt: Wer das Holz nutzt, sollte Setzlinge pflanzen.

Birnenförmige Früchte hängen übersatt in der Baumkrone, sie leuchten in Gelb und Rot. Für Waldspaziergänger im Herbst bietet das immer eine spannende Überraschung: Wildobstbäume und ihre Früchte sind in den heute nach forstwirtschaftlichen Interessen designten Wäldern eine Seltenheit. Unter diesen Obstbäumen nimmt der Speierling noch eine Sonderstellung ein: In den achtziger Jahren in Mitteleuropa fast vom Aussterben bedroht, erlebte er ab 1993 eine plötzliche Wiederentdeckung. Und die hat der faszinierende Baum allemal verdient.

Schon sprachlich ist der Speierling als „männlicher" Baum eine Ausnahme. Er gehört mit seinen Fiederblättern zur Gattung der Mehlbeeren (Sorbus) und ist ein enger Verwandter der Vogelbeere (Eberesche) und Elsbeere, aber nicht der Birne. Gerade der Vogelbeere sieht er in der fruchtlosen Zeit sehr ähnlich und wird daher – obschon viel wertvoller – unwissentlich bei Durchforstungen aus dem Wald entfernt. Dabei ist der Speierling von sich aus schlecht für die natürliche Vermehrung gerüstet: Seine Samen dienen meist als Mäusefraß, junge Pflanzen sind eine Leibspeise für Rehe und Kaninchen und im modernen Hochwald findet der langsam wachsende Baum nicht genügend Licht. Selbst im ausgewachsenen Zustand, rund 25 Meter hoch, sind schon geschützte Speierlinge der Kettensäge eines Forstarbeiters zum Opfer gefallen: Die Rinde sieht derjenigen der Eiche sehr ähnlich. Blaue Farbringe um den Stamm sollen die wenigen, meist allein stehenden Exemplare, heute vor solchem Pech bewahren. Ganz selbstverständlich gehörte der Speierling zu den beliebten Nutzbäumen der Vergangenheit: Sein feines, hellrot bis leicht violett gefärbtes Holz übertrifft mit seiner Masse sogar das Holz der Weißbuche und nimmt damit den Spitzenplatz in Europa ein. Wegen seines sehr feinen Wuchses wurde es seit jeher für mechanisch hoch beanspruchte Teile wie Zahnräder und Gewinde verwendet. Diese Eigenschaften machen Speierlingsholz für Blockflöten, Orgelpfeifen und Geigen zur ersten Wahl. Vereinzelt werden heute noch Dudelsackpfeifen oder Billardstöcke aus Speierling gedrechselt, denn das zähe und schwer spaltbare Holz ist bestens polierbar.

Wo „Birnbaum" draufsteht, kann Speierling drin sein

Weil der Speierling so selten geworden ist, kommt er aber nur noch sehr vereinzelt in den Handel. Und dann geht es bei entsprechender Qualität in der Regel gleich ins Furnierwerk. Dort ist Speierling nach dem Dämpfen nicht mehr vom Gemeinen Birnbaum (das gehandelte Holz stammte früher vornehmlich von Schweizer Mostbirnen) und dem Holz der Elsbeere zu unterscheiden. Die Furniere werden daher gemischt als „Schweizer Birnbaum" in den Handel gebracht. Vereinzelt wird Speierling mittlerweile – wie die Elsbeere – unter seinem eigenen Namen gehandelt und erzielt so noch höhere Preise. Bis zu 6.000 Euro pro Festmeter sollen schon für einen Furnierstamm gezahlt worden sein.

Selbst bei holzbegeisterten Menschen war der Baum und das Holz in Mitteleuropa nach dem Zweiten Weltkrieg fast in Vergessenheit geraten. In den Schwerpunktgebieten in Süddeutschland gab es nur noch rund 4.000 Exemplare, in Österreich ganze 500. Doch mit der Kür zum „Baum des Jahres 1993" in Deutschland und der Schweiz explodierte das Interesse am Speierling, der auch als Solitärbaum im Garten wieder beliebt ist. Innerhalb weniger Jahre wurden 600.000 Setzlinge gepflanzt. 2008 wurde der Art diese Ehre in Österreich zuteil und auch hier war das Interesse groß. Vom „Buckelwal der Bäume" schwärmte eine Broschüre. Ehrensache unter Freunden des Baums: Wer sein Holz nutzt, muss auch kräftig neue Schößlinge setzen.

Wenn die Wiedergeburt dieses Kulturbaums viele Holzfans freut, dürfte sie jeden Hessen geradezu begeistern. Denn Speierling-Apfelwein gilt als besonders edel. Dem Most werden dabei ein bis drei Prozent Saft unreifer Speierlingsfrüchte zugesetzt, die das Getränk klar und besonders bekömmlich machen. In Italien und Frankreich gelten die reifen Früchte als Delikatesse und auch hierzulande sind Speierlingsbrot und Speierlingsbrand nicht unbekannt. Früher galten die unreifen, gerbstoffreichen Früchte als Heilmittel bei Problemen in Magen und Darm. Womöglich kommt der Name „Speierling" von diesen Eigenschaften: Wer zu viele der Früchte isst, kommt unweigerlich zum Speien. Daher sind Spaziergänger auch gut beraten, es bei einem Blick auf die wunderschön leuchtenden Früchte zu belassen – und auf einen Biss zu verzichten. (AD)

Strauchholz ist auch Holz

Samenstände des Wacholders:
Sie verleihen manchen Gerichten eine angenehme Note.

Sie wachsen unscheinbar als Hecken auf Weiden, Heiden und in Gärten: Einheimische Sträucher. Ihnen entstammen Heilmittel, Gewürze und der Grundstoff für Hochprozentiges. Ein typischer Vertreter ist der Gemeine Wacholder. Wie viele Strauchhölzer eignet sich Wacholderholz für kleinere Tischler-, Schnitz- und Drechselprojekte.

Fotos: Wikimedia: MPF, Nikanos; Sonja Senge; Dr. Max Lennertz

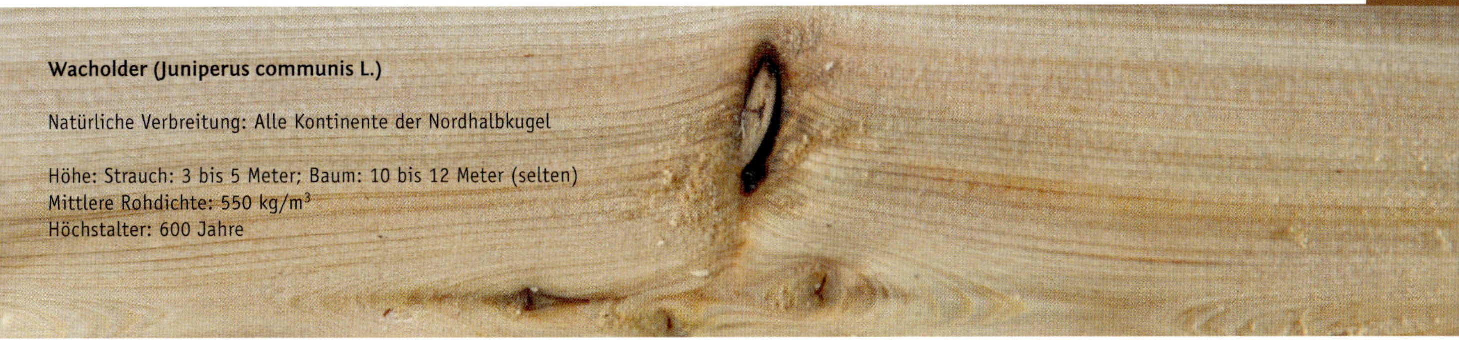

Wacholder (Juniperus communis L.)

Natürliche Verbreitung: Alle Kontinente der Nordhalbkugel

Höhe: Strauch: 3 bis 5 Meter; Baum: 10 bis 12 Meter (selten)
Mittlere Rohdichte: 550 kg/m³
Höchstalter: 600 Jahre

In dem Wort Wacholder schwingt es schon mit: Wach-holder, Wach-Halter. Unsere Vorfahren verwendeten ihn vielfach als an den Verstorbenen erinnernde Grabbepflanzung. Unter Krammetsbaum oder Kranewitt findet man ihn eher im Süden, unter Machandel eher im Norden. Auch Feuer- oder Räucherstrauch, Reckholder oder Wachtelbeerstrauch wird er genannt.

Wacholder ist weltweit dort zu finden, wo andere Bäume nicht gut wachsen. Denn sehr trockene und nährstoffarme Böden dienen ihm als Lebensgrundlage. Weil er viel Licht benötigt, wuchs er lange Zeit in von Menschen gelichteten Wäldern gut. Die extensive Wanderschäferei auf Weiden und Heiden vergrößerte den Lebensraum des Wacholders. Doch in Zeiten von intensiver Weidewirtschaft, begradigten Fluren und ohne die aufgeräumten Hutewälder wird der Lebensraum des Wacholders immer kleiner.

Karl Gayer und Ludwig Fabricius schreiben 1920 in ihrem Buch zur Forstbenutzung über die Verwendung von Strauchhölzern, dass Wacholder zu Pfeifenröhren gedrechselt wurden. Diese Materialwahl ist an die Eigenschaften des Holzes angepasst: Es hat einen aromatischen, sandelähnlichen Duft, der vermutlich das Pfeiferauchen zu einem besonderen Erlebnis gemacht hat.

Seine flexiblen Äste wurden für Flechtwerk verwendet. Mit einer mittleren Rohdichte von 550 kg/m³ hat Wacholderholz eine höhere Dichte als Tannenholz (450 kg/m³). Das Zypressengewächs liefert ein harzfreies Nadelholz. Sein Splintholz ist hellgelb bis hellrot und im Kern gelblich-braun bis rot oder auch violett.

Für größere Tischlerprojekte ist das Holz wenig geeignet: Es gibt keine großen astfreien Flächen. Wacholderholz ist feinporig – fast schon einem Laubholz ähnlich. Oft wächst der Wacholderstrauch unregelmäßig: Ast oder Stamm können Wülste oder Vertiefungen in Längsrichtung haben. Der Tischler spricht dann von Spannrückigkeit. Trotzdem ist es für kleine, dekorative Akzente gut. Insgesamt lässt sich Wacholderholz gut hobeln oder schleifen. Nägel und Schrauben nimmt es gut auf. Seine Stärke zeigt das Holz bei der Bearbeitung von gedrechselten, geschnitzten oder polierten Pfeifenköpfen, Messergriffen oder ähnlich kleinen Gegenständen. Da Wacholder nach dem Trocknen weitgehend die Form behält, ist er auch für das Nassholzdrechseln interessant: Er reißt nicht und wirft sich nicht. Verleimungen und die Behandlung der Oberfläche gelingen problemlos.

Fritz Spannagel empfiehlt 1940 in seinem Buch über das Drechslerwerk neben Wacholder Weißdorn, Schlehe, Spillbaum (Pfaffenhütchen) und einige weitere Sträucher zu verwenden. „Den meisten alten Drechslermeistern sind die Bäume und sämtliche Sträucher wohl bekannt. Bei ihren sonntäglichen Spaziergängen liebäugeln sie in Wald und Feld, in den Gärten und an den Wegen mit all den Sträuchern und achten darauf, rechtzeitig in den Besitz abgängiger Sträucher zu gelangen."

Was Spannagel so idyllisch beschreibt, ist auch heute noch möglich. Wenn auch begrenzt. Denn mit dem Wacholder stehen der Weißdorn und die Schlehe auf der roten Liste der bedrohten Pflanzen Deutschlands.

Wertvolles Material von vor der Haustür

Aus dem Holz der Sträucher macht man seit jeher Gebrauchsgegenstände. Aus den Sträuchern Weißdorn und Schlehe entstanden Gehstöcke und Schirmgriffe. Diese beiden Laubhölzer haben eine recht hohe Dichte (etwa Schlehe: 830 kg/m³). Gerade aus den verwachsenen Verzweigungen entstehen knotige Auswüchse, die unter Gehstockliebhabern Beachtung finden.

Das Pfaffenhütchen fand nicht zuletzt in der Kunst Verwendung für kleine sakrale Schnitzereien. Außerdem wurden daraus Etuis, Schachbretter, Intarsien, Schuhnägel, Zahnstocher und Musikinstrumente gefertigt sowie Spindeln, auf die die Bezeichnung Spill- oder Spindelbaum zurückgeht. Als angespitztes Putzholz hilft Pfaffenhütchen Uhrmachern bei der Reinigung von Uhren-Zapfenlöchern. Im Uhrmacherbedarf sind diese Hölzchen heute noch erhältlich.

Dennoch, und das empfiehlt das Bundesamt für Naturschutz (BfN), gehört es zur Pflege solcher Landschaften, sie ab und zu zu beschneiden. Jene Sträucher wachsen in vielen privaten Gärten und Hecken. Wer sie im eigenen Garten reduzieren muss, kann also an einen ungeahnten Schatz für die Werkstatt gelangen. (SEN)

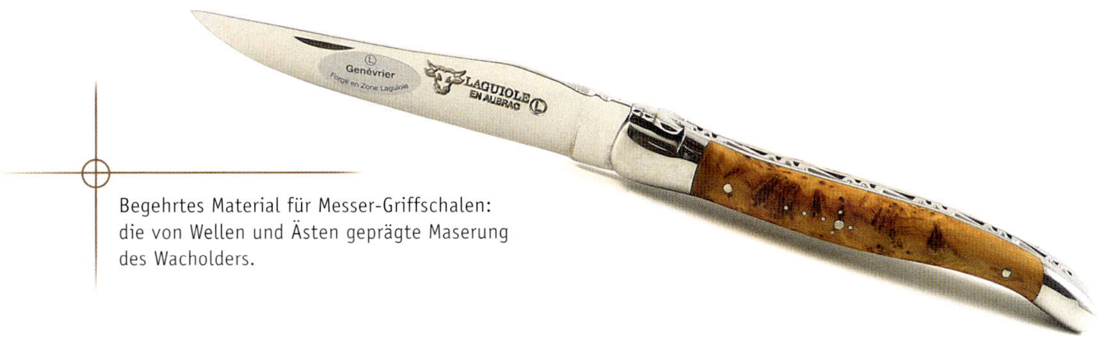

Begehrtes Material für Messer-Griffschalen: die von Wellen und Ästen geprägte Maserung des Wacholders.

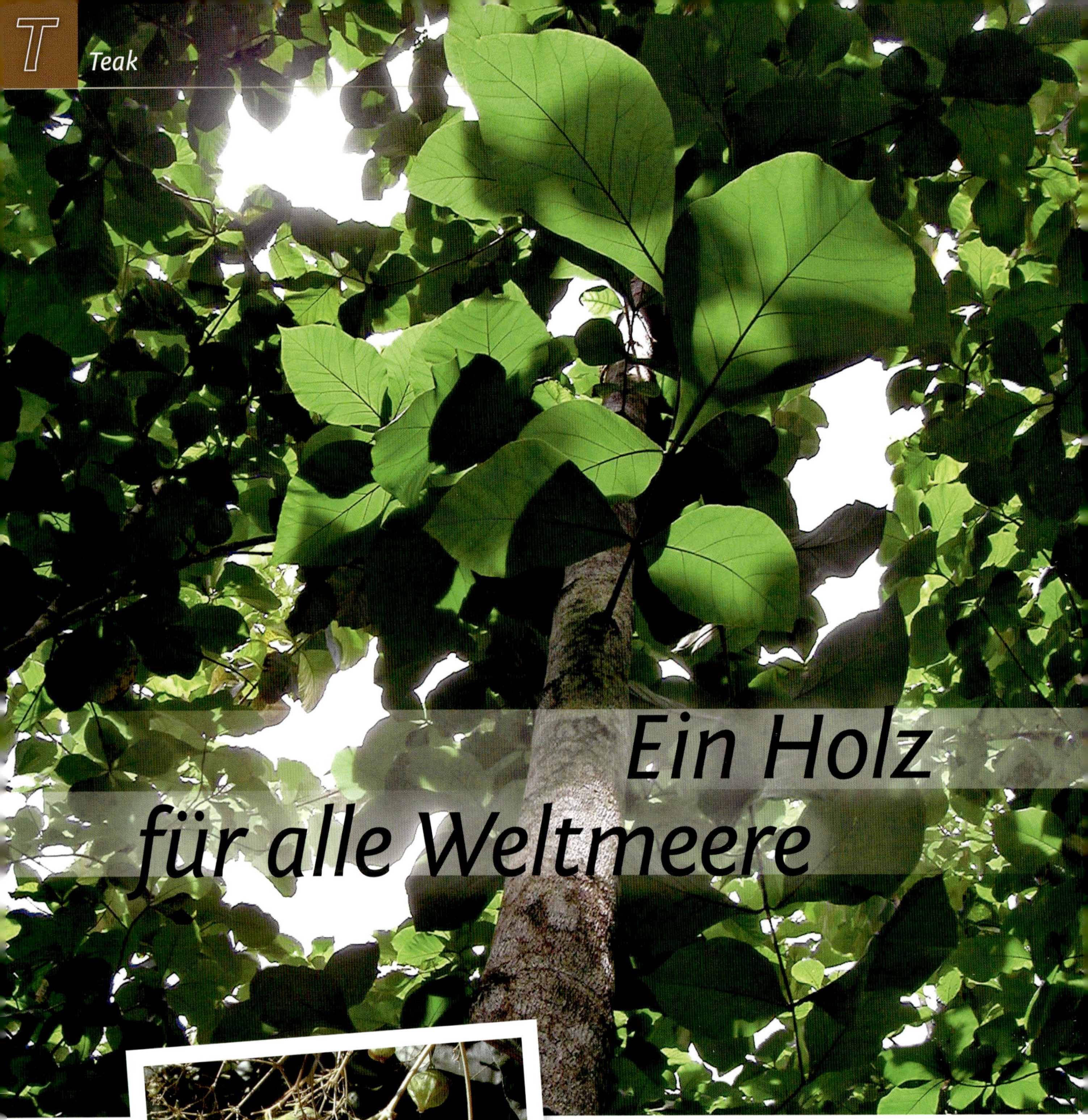

Ein Holz für alle Weltmeere

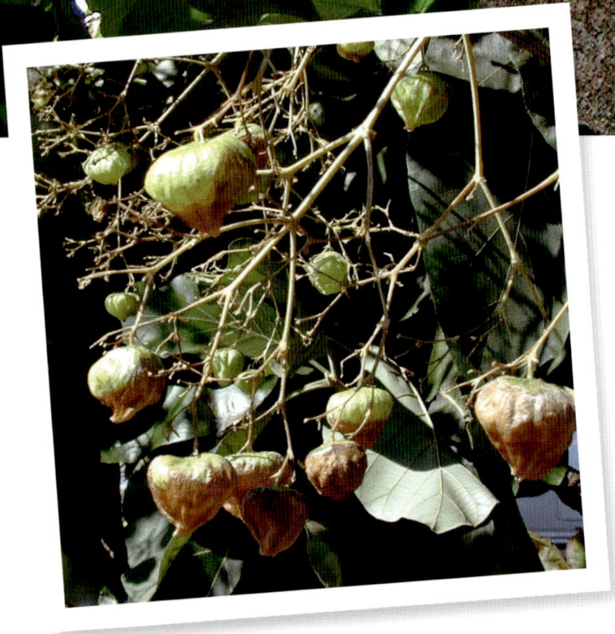

Es sind vor allem die riesigen Blätter, die den Teak-Baum in freier Natur so markant machen.

Fotos: www.teak-ag.com; fotolia/Ronald Manera; wikimedia commons/ Forest & Kim Starr

Fault nicht, rutscht nicht und sieht noch nach Jahrzehnten gut aus: Teak ist aus dem Yachthafen und aus dem Garten kaum wegzudenken. Der Werkstoff hat noch mehr Talente, doch der Tropenholz-Klassiker ist nicht ungefährdet. Umweltschutz-Experten raten eindringlich, nur Holz aus zertifizierter Bewirtschaftung anzuschaffen.

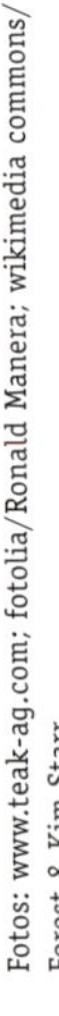

Teak (Tektona grandis)

Natürliche Verbreitung: Nordküste und Hinterland des Golfs von Bengalen

Höhe: bis 20, selten bis 45 Meter
Mittlere Rohdichte: 640 kg/m³
Höchstalter: unklar

Rutsch-Stopp inklusive: Deckaufbauten als Teak gelten als besonders sicher.

Plastik ist leicht, Plastik ist billig, und deshalb dominieren Gartenstühle aus Kunststoff die Möbel zwischen Wien, Zürich und Flensburg. Doch Haltbarkeit und Ästhetik sind da eine ganz andere Sache.

Lange Jahre waren Möbel aus Teakholz da das Nonplusultra, schließlich ist die Wetterfestigkeit dieses bemerkenswerten Naturprodukts seit Jahrhunderten aus der Seefahrt bekannt.

Teak ist ein ganz besonderes Holz, denn es ist sein eigener Schädlingsbekämpfer und Pilzvernichter. Vor Wasser schützt es sich ebenfalls selbst sehr gut und bietet dabei dem Segler noch ordentlichen Grip unter den Schuhsohlen, auch wenn die Wellen über den Bug schlagen.

Es sind die Inhaltsstoffe des Baums aus Südostasien, die ihn so besonders machen: Bis zu fünf Prozent Kautschuk sind eingelagert – unter anderen Bäumen der Tropen gilt schon ein Prozent als viel. Die Gummi-Substanz bewirkt das fette, wachsige Gefühl, das man beim Berühren eines rohen Stücks Teak spürt. Bei unbehandelten Oberflächen sorgt das für die hohe Rutsch- und Abriebfestigkeit. Durch den hohen Kautschuk-Anteil wird Teak auch hydrophob, nimmt also nur ungern Wasser auf. Schwer entflammbar ist es obendrein: Die „indische Eiche", wie Teak (wenn auch biologisch falsch) schon mal genannt wird, ist für den Schiffbau wie gemacht. Allerdings sind reine Holzyachten heute eine Seltenheit, weil sich Verbundwerkstoffe viel leichter verarbeiten lassen.

Im Garten sind es vor allem die drei Inhaltsstoffe, die Teakholz bis heute so beliebt machen: Tectol (schmeckt Pilzen nicht) sowie Tectochinon und Silizium (verderben Insekten den Appetit).

Teak in seiner natürlichen Form wächst zum einen am östlichen Rand des indischen Subkontinents zu beiden Seiten des Ganges-Deltas: Indien einerseits sowie Myanmar, Thailand und Laos. Aus der indischen Sprache Malayalam leitet sich sein Name ab.

Der Mensch hat den wertvollen Baum bereits im Mittelalter auch nach Indonesien gebracht, auf Java wachsen große Wälder des laubabwerfenden Gehölzes. Vor etwa 100 Jahren kamen Plantagen in Afrika und in den letzten Jahrzehnten auch in Lateinamerika hinzu.

Das klingt nach einer ausreichenden Masse, um vor Ausrottung geschützt zu sein. Dennoch warnen Umweltorganisationen vor gedankenlosem Einkauf von Teak-Produkten. Noch immer stammen viele Hölzer aus Urwäldern oder aus Forsten, die biologisch und sozial bedenklich sind. Zwar versuchen zahlreiche selbst gemachte „Siegel" von Handelsprodukten, das zu verschleiern. Als ökologisch garantiert unbedenklich gelten zurzeit nur Teak-Produkte mit dem Label von „FSC", einer unabhängigen Organisation, die die weltweite Forstindustrie genau beobachtet.

Der Teakbaum mit seinen riesigen Blättern, die knapp einen halben Meter messen können, liefert einen Stamm mit einem etwa drei Zentimeter breiten, hellen Splintanteil. Das Kernholz liefert eine Farbe von dunklem Gelb, das sich mit der Zeit zum Dunkelbraun verändert. Inhaltsstoffe sorgen bei einigen Spielarten für schwarze Streifen, die je nach Anschnitt des Stamms sehr dekorativ sein können. Die Oberflächenstruktur ist zumeist von feinen Nadelrissen durchzogen.

Teak lässt sich auf alle herkömmlichen Arten gut für Tischler-Arbeiten, beim Drechseln und beim Schnitzen einsetzen; auch Furniere aus Teak gibt es natürlich. Bei der Verarbeitung stumpfen die Werkzeugschneiden durch das Silizium sehr schnell ab und sie müssen deutlich häufiger nachgeschärft werden. Auch den Menschen kann Teakstaub angreifen, denn er kann zu Hautreizungen führen.

Eine harte Nuss ist Teakholz, wenn es ans Verleimen und die Oberflächenbehandlung geht. Leimflächen sollten nach dem Fügen noch mit Waschbenzin abgewischt werden und dann zügig mit einem PU-Kleber verleimt werden. Mit Härter versehener Leim (Belastungsstufe D3 oder D4) funktioniert ebenso und Bootsbauer setzen gleich auf glashart aushärtendes Epoxidharz. Teak zu lackieren ist eher unüblich. Es wird in der Regel nur mit entsprechenden Ölen das neu zugeführt, was Wind und Wetter aus der Oberfläche ausgewaschen haben. Manche Bootsbesitzer finden auch das unnötig und lassen ihr Teakdeck über Jahre in Ehren ergrauen. Das sieht zwar nicht so flott aus, das Teakholz schützt sich aber über eine lange Zeit selbst von innen. (AD)

Feinstes Möbelfurnier aus Chile

Gezähnte Blättchen, knallrote Früchte: So ziert Tineo den chilenischen Urwald.

Die chilenische Baumart Tineo ist ein dekoratives Furnierholz, das hierzulande seit etwa 15 Jahren immer beliebter wird. Tineo hat eine feine, oft dunkelbraun gestreifte Struktur und ist auch in kleineren Mengen als Schnittholz erhältlich.

Fotos: Arvid Puschnig, chilereisen.at; Matthias Geithner; Wikimedia commons: Jason Hollinger

Tineo, Indischer Apfel (Weinmannia trichosperma)

Natürliche Verbreitung: Chile, Argentinien (hier selten)

Höhe: 30 Meter
Mittlere Rohdichte: 700 kg/m[3]

Vor allem als Furnierholz hat sich das dekorative Tineo in den vergangenen fünfzehn Jahren einen Namen gemacht. Seine dunkelbraunen Wachstumsbereiche heben sich harmonisch von den helleren, rötlichbraunen Bereichen ab. Das schmale Splintholz unterscheidet sich nicht viel vom Kernholz. Seit Beginn des Jahrtausends hat Holzhändler Friedrich Kohl in Karlstadt Tineo in seinem Angebot. „Es ist ein sehr dekoratives Holz, das in den heutigen Zeitgeist und -geschmack fällt", beschreibt Kohl das Holz. „Wir haben es als Furnier ständig auf Lager, denn Tineo wird regelmäßig nachgefragt." Der Holzhändler glaubt, dass das Holz den deutschen Beinamen „Indischer Apfel" bekam, um es attraktiver für Kunden zu machen. Möglicherweise stammt der Name aber auch aus der Zeit, als das Holz in seinem Ursprungsland Chile entdeckt wurde. Denn damals suchten die Europäer einen Seeweg nach Indien. Doch das ist Spekulation.

In einem Botanikbuch aus dem Jahr 1817 dokumentiert der Botaniker Friedrich Gottlob Hayne die Blätter des Baumes Tineo mit der lateinischen Bezeichnung „Weinmannia Trichosperma". Vom Apfelbaum aus Indien ist da nichts zu lesen. Die lateinische Bezeichnung ehrt einen weiteren Botaniker, Johann Wilhelm Weinmann (1683-1741). Weinmann hatte als Apotheker und leidenschaftlicher Botaniker im 18. Jahrhundert das Herbarium „Phytanthoza iconographia" herausgegeben. Dafür ehrte ihn Carl von Linné und benannte eine Spezies, in diesem Fall Tineo, nach Weinmann. Carl von Linné (1707-1778) ist der Begründer der modernen Taxonomie, der systematischen zweiteiligen lateinischen Benennung in der Biologie. Bis ins 20. Jahrhundert war Weinmanns Pflanzenbuch ein wichtiges Nachschlagewerk für alle Botaniker. Weinmann selbst hatte einen eigenen botanischen Garten und interessierte sich auch für die tropischen Pflanzen dieser Welt.

Bei Matthias Geithners Räuchertasse schafft die harmonische Maserung der Untertasse einen schönen Farbkontrast zum hellen Holz der Birke.

Im tropischen Regenwald im Süden Chiles ist Tineo auf der Ostseite der Anden beheimatet. Dort wird der Baum bis zu 30 Meter hoch und misst bis zu zwei Meter im Umfang. Daher wird er von der dortigen Bevölkerung durchaus als Möbelholz und für Parkett verwendet, während Tineo hierzulande als Schnittholz eher in kleinen Mengen erhältlich ist. Hier angepflanzte Setzlinge bleiben buschförmig und klein. Holzhändler Kohl gibt an, dass man das feine, nicht immer geradfaserige Holz hier aber durchaus in Form kleiner Bohlen erhalten kann.

Die Eigenschaften des Holzes sind für viele Arten der Holzbearbeitung gut geeignet, jedoch ist es nur mäßig dauerhaft gegenüber Pilz- und Insektenbefall. Die Bäume neigen zum Wechseldrehwuchs und daher ist es zwar möglich, dieses Holz zu hobeln, aber nicht immer einfach. Man muss es außerdem sehr langsam trocknen, damit es dabei nicht reißt. Ist die Trocknung gelungen, kann man es gut drechseln und am Ende auch sehr gut polieren. Der Wechseldrehwuchs erzeugt Glanzstreifen und macht es zusätzlich zu den Wachstumsstreifen sehr interessant. Jedoch spielen diese Schwierigkeiten eine untergeordnete Rolle, wenn man es in Form von Messerfurnier verwendet oder Bereiche zur Verfügung hat, die gerade gewachsen sind.

Diese Erfahrung hat unser Leser Matthias Geithner gemacht. Er hat Tineo für die Untertassen seiner Räuchertassen (Bild) verwendet und hatte einen durchweg positiven Eindruck beim Drechseln. „Das Holz hat einen schönen Span ergeben und ich hatte keinerlei Probleme beim Einsatz der Schalenröhre und dem Schaber", schwärmt Geithner. Es klingt, als möchte er am liebsten gleich wieder an die Drechselbank, um das nächste Tineo-Projekt zu starten. „Meine Räuchertasse habe ich am Ende geölt, das ging sehr gut, auch wenn die Trocknungszeit mit vier bis fünf Tagen ungewöhnlich lang war. Eine Schale habe ich mit Lack behandelt, das ging wunderbar einfach."

Von den technischen Werten her kann man das chilenische Holz zwischen Eiche und Ahorn einordnen. So ist die mittlere Rohdichte von 700 kg/m³ vergleichbar mit der der Roteiche. Ebenso verhält es sich mit dem Wert für die Biegefestigkeit (Tineo: 87 N/mm²; Roteiche: 88 N/mm²). Die Druckfestigkeit beträgt 48 N/mm², das entspricht beinahe dem Wert des Bergahorns (47 N/mm²). (SEN)

Ein Nadelholz im Laubbaum-Mantel

Eher unscheinbar sind die geflügelten Samen des Tulpenbaumes.

Fotos: Wikimedia commons: Archaeodontosaurus, Jezeri, Kneipei, Père Igor

Das Holz des Baumes, der in Amerika „yellow poplar“ heißt, gilt dort als sehr wertvoll. Kein Wunder: Mit einer Struktur wie ein Nadelbaum und Eigenschaften wie ein Laubbaum hat der Tulpenbaum allen Holzwerkern viel zu bieten.

Tulpenbaum (Liriodendron tulipifera)

Natürliche Verbreitung: Südosten der USA, kultiviert in Europa

Höhe: bis 30 Meter
Mittlere Rohdichte: 455 kg/m³
Höchstalter: 700 Jahre

Die Blüten des Tulpenbaumes sehen aus wie Tulpen, gehören aber zu den Magnolien. Bienen sind in ihnen häufig anzutreffen.

Die Wurzeln der Baumart *Liriodendron tulipifera* reichen zurück bis in die Kreidezeit. Als die Dinosaurier von den großen, zackenförmigen Tulpenbaum-Blättern fraßen, waren diese Bäume auf der gesamten Nordhalbkugel verbreitet. Dass es die Bäume damals schon gab, weiß man durch versteinerte Samenfunde. Heute ist der Baum, dessen Holz auf Englisch „yellow poplar" heißt, vorwiegend im Nordosten der USA zu Hause.

Die amerikanischen Ureinwohner kannten ihn als exzellenten Baustoff für ihre Boote, lange bevor die ersten europäischen Siedler die hervorragenden Eigenschaften des Holzes für ihre Siedlungen entdeckten.

Bis heute ist „yellow poplar" in Amerika ein beliebtes Material für Möbel, Hausbau und Musikinstrumente. Neun Prozent macht der Marktanteil des Tulpenbaumholzes in Amerika aus, das ist etwas weniger als der Spitzenreiter Eiche, besagen die Zahlen der internationalen Handelsorganisation für die amerikanische Laubholzindustrie (AHEC).

Der Tulpenbaum ist die am vierthäufigsten verwendete Laubholzart in Amerika. Kein Wunder also, dass es das Holz inzwischen auch hier in Mitteleuropa gut zu kaufen gibt.

Die Namensgebung ist trügerisch: Der Name, den die frühen Botaniker der Art gaben, *Liriodendron tulipifera*, bedeutet „tulpentragender Lilienbaum". Doch der Tulpenbaum gehört nicht zu den Lilien-, sondern zu den Magnoliengewächsen. Auch ist die englische Bezeichnung „yellow poplar" – gelbe Pappel – eher irreführend. Die ebenfalls gebräuchlichen Namen „tulipwood" oder „whitewood" sind die passenderen Bezeichnungen.

Ein leichtes Holz für alle Zwecke

Im 17. Jahrhundert siedelte man den Tulpenbaum in Europa an. Hier steht er vor allem in Parks und Gärten. Die Bedingungen für sein Wachstum scheinen hier aber nicht ganz so gut zu sein: Er erreicht nie die weit größeren Maße des amerikanischen Baums. Dort wächst er schnell, hat einen geraden, im unteren Bereich praktisch astfreien Stamm, der zwischen 60 Zentimetern und bis zu 2,50 Metern Durchmesser erlangen kann. Tulpenbäume erreichen eine Höhe von fünf bis acht Metern. Einige schaffen auch 30 Meter.

Das stabile Holz lässt sich leicht bearbeiten. Es kann ohne Mühe gedrechselt, geschnitzt, gesägt, gebohrt und geschliffen werden. Das bräunlich-grünliche Kernholz setzt sich stark vom hellen Splintholz ab. In seiner Struktur ähnelt das Holz dieses Laubbaumes eher dem eines Nadelbaumholzes. Im Gegensatz zu vielen Nadelhölzern nimmt es aber Farbe sehr gut auf und lässt sich daher sehr gut beizen oder lasieren.

Die Eigenschaften des Tulpenbaum-Holzes stellen viele Holzwerker zufrieden. Mit seiner Druckfestigkeit von 35 bis 40 Newton pro Quadratmillimeter rangiert es noch vor Fichte (40 N/mm²), und scherfest ist es (8 – 9,1 N/mm²) wie Ahorn (9 N/mm²). Auch die Biegefestigkeit von „yellow poplar" liegt mit 63 bis 71 N/mm² unter dem Wert von Fichtenholz (68 N/mm²) Daher wird es gern im Innenausbau verwendet.

Mit seiner vergleichbar geringen Dichte von 455 kg/m³ kommt es auch bei Modellbauern gut an. Sein geringes Gewicht, seine gute Bearbeitbarkeit und seine guten Färbeeigenschaften machen das Holz ebenso für Schnitzer interessant. Im Möbelbau und in der Furnierherstellung wird das Holz aufgrund seiner geraden Wuchsform gerne verwendet. Die gemaserten Knollen sind attraktiv für Drechsler, Schnitzer und für die Furnierproduktion. Diese Bereiche werden auch als „canary wood" bezeichnet.

Das Holz ist allerdings nicht witterungsbeständig und taugt daher eher nicht zum Außeneinsatz. Beim American Hardwood Export Council (AHEC) arbeiten Fachleute daran, die schlechten Eigenschaften für Dauerhaftigkeit und Widerstandskraft gegen Pilz- und Insektenbefall chemisch zu verbessern. Allerdings darf dabei kein Erdkontakt bestehen und die Holzschutzmittel müssen wiederholt aufgetragen werden. (SEN)

Eine wahre Schönheit in echter Gefahr

Zerbrechliche Anmut: Oie Ulme ist durch Pilzbefall in Europa in den vergangenen 90 Jahren stark dezimiert worden.

Fotos: Infoholz, Lluis Edo Marzal, Maria Olmo

Sie lebt häufig unter einem Pseudonym und auf der Säge kann sie stinken und grüne Streifen bekommen. Doch sie gilt auch als elastisch und zäh, als wunderschön, wertvoll und verletzlich: Die Ulme ist mit ihrem Holz ein stiller Star unter den Bäumen Europas.

Ulme (Ulmus L.)
Unterarten: Flatter-, Berg-, Feld- und Goldulme (Holz: Rüster)

Verbreitung: Nordhalbkugel in moderaten Temperatur-gebieten

Höhe: bis zu 40 m (Bergulme), Stammduchmesser: bis zu 150 cm, selten bis zu 300 cm
Mittlere Rohdichte: 680 kg/m³
Höchstalter: bis 400 Jahre (Berg- und Feldulme) Flatterulme bis 250 Jahre

Das Holz der Ulme heißt in der Werkstatt nicht Ulmenholz, sondern Rüster – das hat historische Gründe. Eigentlich bezeichnen beide Wörter den Baum. Doch im Holzhandel spricht man seit jeher von .,Rüster", wenn das Holz der Ulme gemeint ist. Der Baum selbst kann stattliche Dimensionen annehmen: Bis zu drei Meter Stammdurchmesser erreichen einzelne Exemplare und 400 Jahre können sie alt werden. Das aber nur, wenn sie nicht Opfer des Ulmensplintkäfers werden. Der Schädling schleppt häufig den Pilz „Ceratocystis ulmi" ein. Und der hat seit seinem Auftauchen 1918 in Frankreich unter den Ulmen Europas regelrecht gewütet. Weil die Krankheit zuerst in den Niederlanden massenhaft auftrat, machte das Wort vom „Holländischen Ulmensterben" in Westeuropa die Runde. In mehreren Wellen hat der Pilz nicht zuletzt viele wunderschöne alte Alleen gefällt, deren Ulmen nicht mehr zu retten waren. Auch wenn an resistenten Züchtungen gearbeitet wird: Bis heute ist kein wirksames Rezept gegen den Pilz gefunden.

Heute völlig unvorstellbar: , Rüsterholz als Bahnschwellen

Das Ulmensterben grassierte in der Mitte des 20. Jahrhunderts derart, dass das wertvolle Rüsterholz massenhaft anfiel und sogar zu Bahnschwellen verarbeitet wurde. Das Kernholz trotzt im Erdboden und im Wasser der Feuchtigkeit sehr gut, ist aber ansonsten nicht witterungsbeständig. Es ist außerdem sehr elastisch und wurde schon früh ganz ähnlich wie Esche im Wagenbau eingesetzt. Gefragt war es überall dort, wo es um Elastizität und eine gewisse Härte gleichermaßen ging. Die Ulme ist es, die bis heute in vielen alten Glockenstühlen das schwingende Geläut festhält. Einst wurden sogar Geschützlafetten aus Rüster gefertigt, wo das Holz die enormen Rückstoßkräfte der Kanone aufzufangen hatte.

Kräftige Spiegel und markante Muster

Doch diese Zeiten sind natürlich vorbei. Nicht zuletzt als Holz für massive Möbel ist Praktikern Rüster heute als hochwertiges (und nicht gerade billiges) Laubholz ein Begriff. Massives Ulmenholz reißt schnell und wirft sich leicht, ist dafür aber umso schwerer zu beabeiten. Je nach Art zeigt sich das braune Kernholz der Ulme hell bis hinunter zum Ton von Schokolade – und mitunter eben auch mit grünen Streifen. Im Sägewerk sondert Rüster einen unangenehmen Geruch ab, der sich jedoch schnell verliert. Wenn ein Rüster-Brett tangential eingeschnitten wurde (also nicht den Mittelpunkt des Baum-Querschnitts in sich trägt), zeigen sich charakteristische Wellenlinien. Für das geschulte Auge sind sie ein Fingerabdruck dieser Holzart Im Radialschnitt erscheinen bei Rüster sehr auffällige Spiegel (angeschnittene Holzstrahlen), die ansonsten vor allem von Eichenholz bekannt sind. Mit dieser Holzart gemein hat Rüster auch seine offenporige Struktur – mit einem farbigen Porenfüller lassen sich auf dem dunklen Holz also interessante Effekte erzielen. Lack nimmt das Holz der Ulme ebenso gut an wie die Eiche, und gerade hochglänzende Lösungen erzielen eindrucksvolle Effekte im Zusammenspiel mit Rüster.

Maserfurnier ist heiß begehrt und richtig teuer

Die eigenwillige Ulme liefert schon normal gewachsen hochwertige Messerfurniere. Sie kann sich aber noch steigern: Einige Exemplare, vor allem Flatterulmen, bilden unnatürliche Knospenwucherungen aus. Diese Wurzel- oder Stammteile sind als Lieferanten für Maserfurniere heiß begehrt und hoch bezahlt. Drechsler greifen für ihre Spitzenprodukte ebenfalls zu Rüstermaser und drehen daraus Schmuckelemente oder Pfeifenköpfe. Auch Gourmets mit einem Hang zum Wald entdecken die Ulme für sich: Ähnlich wie die Samen der Linde sind auch ihre Früchte essbar und werden in Salaten angerichtet. Wenn Sie nun zum Holz der Ulme greifen und kreativ werden, sind Sie übrigens in guter Gesellschaft. Denn Odin, der nordische Hauptgott, schuf der Sage zufolge den ersten Mann aus einer Esche. Als er danach die Frau formte, wollte er ein noch ausgefalleneres Holz: Seine Wahl fiel auf eine Ulme. (AD)

Auch gebeizt und beschnitzt kann Rüster seine Reize voll zur Geltung bringen.

Ein Baum für höchste Ansprüche

Die aufbrechenden Fruchtschalen geben pro Baum bis zu 5.000 Nüsse frei.

Einer ganzen Kunst-Epoche hat die Echte Walnuss einst ihren Namen geben. Doch ihr prächtiges Holz wird auch heute noch hoch geschätzt und teuer verkauft. Der Baum selbst ist soeben mit einer ganz besonderen Ehrung versehen worden.

Fotos: H. Geis, Günther Wallner, Kuratorium Baum des Jahres

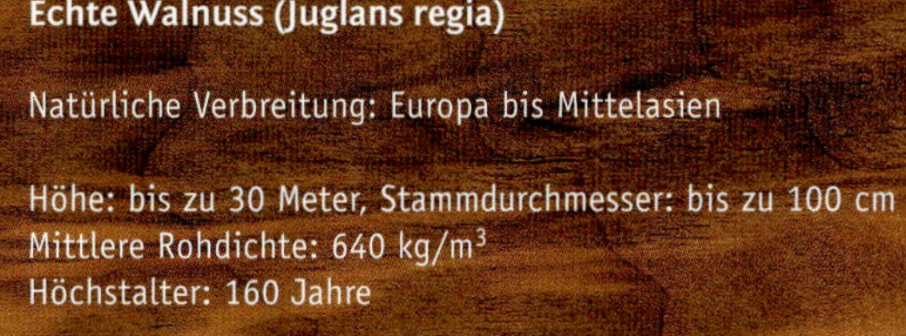

Echte Walnuss (Juglans regia)

Natürliche Verbreitung: Europa bis Mittelasien

Höhe: bis zu 30 Meter, Stammdurchmesser: bis zu 100 cm
Mittlere Rohdichte: 640 kg/m³
Höchstalter: 160 Jahre

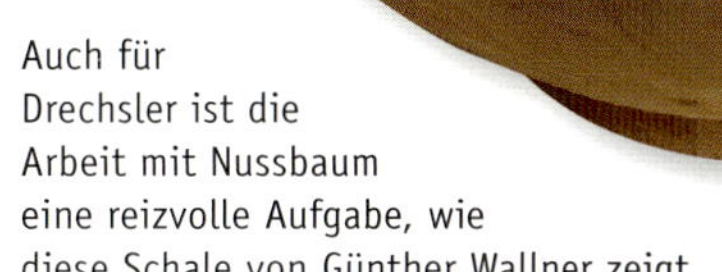

Auch für Drechsler ist die Arbeit mit Nussbaum eine reizvolle Aufgabe, wie diese Schale von Günther Wallner zeigt.

Die Wasserleitung, den Wein, das Große Latinum – was haben wir den Römern nicht alles zu verdanken! Doch außerdem schenkten Sie den Mitteleuropäern auch einen Baum, der bis heute leckere Früchte und eines der edelsten europäischen Hölzer überhaupt liefert: die Echte Walnuss. Gerade deshalb ist sie zum „Baum des Jahres 2008" gekürt worden.

Die Römer siedelten den Baum gezielt im Donauraum an und sein Name kam so zu den Germanen: Aus der „welschen Nuss" wurde irgendwann die Walnuss. Die Römer ihrerseits hatten den Baum wahrscheinlich auf dem Balkan oder in der heutigen Türkei kennen gelernt. Von dort zieht sich sein natürliches Verbreitungsgebiet bis in den Himalaya.

Der botanische Neuankömmling verbreitete sich schnell an günstigen Standorten auch nördlich der Alpen. Dies allerdings eher durch menschliche Anpflanzungen denn auf natürlichem Wege. Dabei zeigt sich der Walnussbaum recht wählerisch: Viel Sonne braucht er und möglichst einen Standort für sich allein. Als Solitärbaum auf dem Hof ist der Nussbaum bis heute beliebt, schließlich dankt er dem Pflanzer mit nahrhaften Früchten. Mit seiner kugeligen Krone und seinem meist siebenfach gefiederten Blatt legt der Baum in Sachen Wachstum ein hohes Tempo vor.

Auf Geradlinigkeit legt die Echte Walnuss dabei allerdings kaum Wert. Ihre fast schon sprichwörtliche Krummheit und Knorrigkeit unter der charakteristisch schimmernden Rinde sowie ihr Lichtbedarf machen die Anpflanzung im Forst bislang nicht sonderlich rentabel. Das heißt aber nicht, dass es nicht immer mal wieder versucht wurde: In Südengland gab es großflächige Anpflanzungen, ebenso in Burgund, auch an der Bergstraße und östlich von Frankfurt am Main. Doch die Frostempfindlichkeit des Walnussbaums machte viele Bemühungen zunichte.

Das Holz der Echten Walnuss erfreut sich seit der frühen Neuzeit ab 1500 im vornehmen Europa überragender Beliebtheit: Es ist mittelhart und recht schwer, lässt sich gut bearbeiten und auch wunderbar beizen und polieren. Nach dem Einschlag erscheint es zunächst grau. Während das Splintholz sich wenig verändert, reift das Kernholz spektakulär zu einem tiefen Braun. Die Farbe kann aber je nach Standort und Wuchsbedingungen stark variieren. Im Längsschnitt zeigt sich das Holz matt-glänzend. Hälftig (radial) angeschnitten treten die Markstrahlen mitunter schön als hell glänzende, längliche Stellen, den „Spiegeln", hervor. Das Holz ist halbringporig, das heißt, dass die Jahresringe mit ihren Früh- und Spätholzzellen im Hirnholz gut zu erkennen sind.

Eine Holzart macht Geschichte

Wegen seines geringen Schwundes und der guten Biegefähigkeit ist es schon seit den Tagen der Armbrust in der Waffenfertigung beliebt. Noch heute sind die Schäfte edler Gewehre mit Schalen aus massivem Nussbaum belegt und auch Nussbaum-Parkett gibt es noch.
Das Gros der geschlagenen Bäume kommt allerdings heute in die Furnierwerke. Durch seinen unregelmäßigen Wuchs liefert der Nussbaum besonders begehrte Furnierbilder: Geflammte oder geriegelte Partien erzielen hohe Preise. Bei Riegelwuchs zeigen sich im Anschnitt schöne changierende Bereiche durch wellenartige Verformungen der Fasern. Und das ist nur der Stamm!

Es fällt aber kein Nussbaum, ohne dass nicht auch seine Wurzel ausgegraben wird. Furniere aus diesem Baumteil gehören zu den teuersten Waren auf dem Holzmarkt. Luxuslimousinen sind nicht selten am Armaturenbrett mit Nussbaum-Wurzelmaser belegt. Aus dem Hirnholz gewonnenes Furnier (so genanntes Oysterveneer) und aus Astpartien geschnittene Blätter (burr walnut) sind weitere Einschnittvarianten. Sie wurden bereits im späten 17. Jahrhundert in England genutzt. Rund um die Themse war das Holz und seine Spielarten so beliebt, dass dort die ganze Kunstepoche nach ihm benannt wurden: „The age of walnut" währte von 1660 bis 1730.

Neueste Forschungen haben bewiesen, dass es sich bei den Früchten tatsächlich um Nüsse und nicht (wie lange geglaubt) um Steinfrüchte handelt. Bis zu 150 Kilogramm der Energiespender wirft ein Baum in einem guten Jahr ab. Der einstige römische Import schaffte deshalb sogar den Sprung über den Atlantik. Die größten Bestände der Echten Walnuss finden sich heute in Kalifornien. Von den Plantagen dort kommt mehr als die Hälfte der Welt-Walnussproduktion. ((AD)

Die Schwester der Pappel

Markant sind die Blüten der Weide, die Kätzchen: Es gibt männliche (großes Bild) und weibliche (kleines Bild).

Fotos: Ralf Buchholz; Wikimedia: Pancrat, Willow, AnRo, Rasbak.

Schon die Kelten flochten Weidenzweige zu Körben. Hippokrates kannte bereits die schmerzlindernde Wirkung des Weidenrindentees. Noch im letzten Jahrhundert fertigte man Prothesen aus dem leichten und flexiblen Holz der Silberweide an. Heute hat die Papierindustrie das größte Interesse an ihrem Holz, das dem der Pappel ähnelt.

Silberweide (Salix alba)

Natürliche Verbreitung: Europa, Asien, Nordafrika und USA

Höhe: 21 bis 27 Meter
Mittlere Rohdichte: 450 kg/m³
Höchstalter: 80 bis 100 Jahre

Weiden wachsen vorwiegend an Ufern von Seen und Flüssen.

Wer das Wort Weide hört, könnte – abgesehen von der Viehwiese – diese Bilder im Kopf haben: einen großen grünen Baum mit sehr langen, bis zum Boden hängenden Ästen, und Korbwaren in vielen Formen und Größen. Einige werden sich dann vielleicht noch an den Osterstrauch erinnern, an die Äste mit weichen Knospen, den Kätzchen. Doch es gibt viel mehr über die Weide zu berichten.

Weiden wachsen in Europa, Asien, Nordafrika und den USA. Sie lieben feuchte und lockere Böden. Botaniker unterscheiden nach der Erscheinungsform Strauch- und Baumweiden. Verschiedene Arten liefern das Material für Flecht- und Bindewerk. Dafür werden sie zu sogenannten Kopfweiden getrimmt: Die Krone wird abgesägt, damit möglichst lange Ruten nachwachsen. Am Stamm entstehen um die neuen Triebe dekorative Maserknollen. Man setzt Strauchweiden als Lebendflechtwerk nicht nur zur Zierde ein, sondern auch, um Lebensräume für Vögel, Insekten und andere Tiere zu schaffen.

In Europa gibt es etwa 30 bis 40 Arten, außerdem viele Kreuzungen und Züchtungen. Als Einzelbäume stehen Weiden in Parkanlagen. Weiden bestimmen vielfach den Anblick von Auwäldern und Flachmooren sowie von Bach- und Teichufern.

In Gewässernähe gedeiht die Trauerweide gut. Die für diese Baumweide typischen hängenden Äste prägen das Bild, das viele Menschen von Weiden haben. Die Echte Trauerweide *(Salix babylonica)* kommt aus Ostasien. Sie ist aber für die kalten europäischen Winter nicht widerstandsfähig genug. Sie wird daher bei uns nicht mehr kultiviert. Trauerweiden in Europa sind Mischformen mit der Silberweide, Salix alba. Die Silberweide hat ihren Namen feinen Härchen an den Blättern zu verdanken, die dem Baum ein silbriges – oder, wie man im englischsprachigen Raum findet, – weißes (hier heißt der Baum white willow) – Aussehen gibt. In der Tischlerei wird von allen Baumweidenarten vor allem das Holz der Silberweide verwendet.

Das meist breite Splintholz der Silberweide ist weißlich bis gelblich. Das Kernholz ist leicht grünlich oder hellrötlich bis hellbraun. Die Maserung ist eher unauffällig. Es werden mitunter aber schöne Maserfurniere aus Weidenholz angeboten.

Unauffällig, aber vielfältig nutzbar

Weiden sind mit Pappeln nah verwandt, da beide zur Familie der Salicaceae, der Weidengewächse, gehören. Sie teilen daher viele Eigenschaften. Zusammen mit der Pappel ist Weidenholz beispielsweise eines der leichtesten einheimischen Laubhölzer, dafür aber auch mit einer Rohdichte von 450 kg/m³ sehr weich. Das Schnittholz trocknet in der Regel gut. Weide neigt wenig zum Reißen und Werfen. Draußen sollte des Holz nicht eingesetzt werden, weil es bei Witterung und Schädlingsbefall nicht dauerhaft ist. Obwohl es sich gut nageln, schrauben und verleimen lässt, sorgen einige Eigenschaften dafür, dass es für Tischler keine große Bedeutung erlangt hat. Dazu gehören die meist schlichte Maserung und die geringe Haltbarkeit des Holzes. Weidenholz ist wenig druckfest. Im Vergleich zu Nadelholz, etwa Kiefer, ist dieser Laubholz-Vertreter viel stoßempfindlicher. Ihn per Hand zu hobeln, kann schwierig sein: Wer einen zu steilen Schnittwinkel wählt, produziert sehr wahrscheinlich eine wollige Oberfläche. Für Ebenisten, also Kunsttischler, war Weidenholz zwischen dem 17. und 19. Jahrhundert von größerem Wert: Es lässt sich sehr gut färben.

Auf der Drechselbank werden ausgewählte Bereiche des Stamms verwendet. Reizvoll wird das Holz für Drechsler nämlich dann, wenn es aus dem Wurzel- oder Kopfbereich stammt. Denn dort entstehen so genannte Adventivbildungen. Das sind die Teile einer Pflanze, die nachwachsen, wenn sie verletzt wurde. Weiden produzieren viele dieser Verwachsungen. Diese können eingewachsene Rinde enthalten und zeigen auffällige Maserungen wie Spiegel oder Wellen, die schöne Ergebnisse beim Drechseln liefern. Zum Schnitzen eignet sich das Holz ebenfalls, weil es leicht mit Schneidwerkzeugen bearbeitet werden kann. Ein gutes Einsteigerprojekt für Kinder ist es, Flöten aus fingerdicken Weidenstöcken mit dem Taschenmesser zu schnitzen. Aus den Zweigen der Weide flechten Menschen schon seit vielen tausend Jahren Körbe, seit über tausend Jahren Wände und Möbel. Wissenschaftler vermuten, dass das Wort „Wand" daher kommt, dass Hausbauer den Kern der Wände lange Zeit aus Weidenzweigen wanden.

Das Holz ist sowohl leicht als auch elastisch: Perfekt für englische Cricketschläger, Stiele für Rechen und Schaufeln sowie Holzschuhe. Auch Prothesen für Füße und Beine fertigte man aus Weidenholz. Seit die Forschung neue Werkstoffe entwickelt hat, werden diese nicht mehr aus Holz gemacht. Lediglich einige Schuhfirmen verwenden Weide noch immer für Clog- und Pantoffelsohlen. Heute wird Weidenholz vor allem als Blindholz, für Streichhölzer, Sperrholz sowie Faser- und Spanplatten verwendet. Die papier- und die energieerzeugenden Industrien interessieren sich in erster Linie für den Zellstoff, der sich aus dem schnell nachwachsenden Rohstoff gewinnen lässt. (SEN)

Die Beauty aus dem Busch

Es ist griffig, hat Nehmerqualitäten und sieht dabei auch noch blendend aus: Dunkles Wengé ist eines der Spitzenhölzer aus den Tropen, die in aller Welt wegen ihrer Schönheit beliebt sind.

Der tropische Regenwald Afrikas ist die Heimat des Wengé-Baums, der mit einer Stammhöhe von 20 Metern nicht zu den größten Urwaldriesen gehört.

Wengé (Millettia laurentii)

Verbreitung: Äquatoriales Afrika

Stammhöhe: bis zu 20 Meter, Stammduchmesser: bis zu 90 cm
Mittlere Rodichte: 790 kg/m³
Höchstalter: bis zu 150 Jahre

Akzente setzen zu können ist eines der Talente von Wengé. Besonders leicht fällt dem Holz das im Kombination mit hellen Hölzern.

Yachtbauer schätzen Wengé wegen seiner dekorativen Qualitäten ebenso wie Intarsienschneider und Kunsttischler. Und auch BMW setzt bei seinem auf einzelne Käufer zugeschnittenen Nobelschlitten namens „Individual 760Li" auf die Beauty aus dem Busch: Wengé ziert, kombiniert mit Titan, das Armaturenbrett und schmiegt sich im Lenkrad in die Hand des Fahrers. Und das, obwohl das Holz zum Splittern neigt.

Kaffeebraun bis fast schwarz, bietet das Kernholz einen attraktiven Kontrast gerade zu hellen heimischen Hölzern: Klassiker sind Schachbretter aus gebleichtem Ahorn und dunklem Wengé, die die Vielfalt des Naturstoffes Holz veranschaulichen wie kaum ein Objekt sonst. Das Gleiche gilt für Anleimer und ähnliche optische Akzente, die Wengé von Möbeltischlern gern genommen wird. Auch für Paneele kommtdas Holz massiv zum Einsatz. Als Furnier zeigt sich das Holz im Radialschnitt mit schöner Blume, im Tangentialschnitt im edlen Streifen-Look.

Der Baum wächst vor allem in Westafrika, im Kongo und in Kamerun; aber auch in Mosambik gibt es Bestände, die bewirtschaftet werden. Dem Edelholz haben die Einheimischen klangvolle Namen wie Awong, Bokonge, Ntoko, Mokongo und Dikela gegeben. Gerade für seine wohl häufigste Anwendung als getragendunkles Parkett kommt Wengé nicht selten mit seiner biologischen Schwester daher. Panga-Panga hat ganz ähnliche Qualitäten, erreicht aber nicht den satten Braun-Ton und segelt oft unerkannt unter falscher Flagge unter dem Markennamen Wengé. Käufer sollten darauf achten, dass sie nur zertifiziertes Holz aus kontrolliertem Anbau verwenden.

Das Holz färbt sich nach dem Fällen nur allmählich dunkel

Frisch gefällt, zeigt das Holz des höchstens 20 Meter langen Wengé-Stamms zunächst ein helles Braun. Erst nach einigen Monaten stellt sich der satte, dunkle Ton des Kernholzes ein, das sich stark vom Splint absetzt. Doch diese ansehnliche Optik hält nicht ewig: Unter Dauerbestrahlung mit Sonnenlicht verschwinden die Farbpigmente; das Holz bleicht aus. Vorbeugend Beizen ist daher oft die Empfehlung. Das porige Holz eignet sich mit seiner dunklen Farbe sehr gut für eindrucksvolle Versuche mit Kalk. Der helle Naturstoff setzt sich dabei in die unregelmäßig verteilten Poren und füllt sie aus. Der Hell-Dunkel-Effekt im Holz macht gekalkte Wengé endgültig zum Hingucker.

Parkett ist einer der häufigsten Anwendungen für das arfikanische Holz.

In Sachen Oberfläche zeigt sich die afrikanische Schönheit bisweilen zickig; gerade mit Ölen verträgt sie sich nicht gut: Sie ziehen nur sehr langsam ein. Besser geeignet sind moderne Lacke. Wachse lassen sich ebenfalls gut einsetzen. Auch beim Verleimen gibt sich Wengé wählerisch, deshalb werden die besten Ergebnisse mit Kunstharzklebern erzielt. Besondere Vorsicht ist beim Sägen und Schleifen von Wengé geboten: Der Staub kann Übelkeit und allergische Reaktionen verursachen und ein eingezogener Splitter im Daumen kann ähnliche gesundheitliche Probleme hervorrufen.

Härter als Eiche und recht unfreundlich zu Werkzeugen

Von diesen Schwierigkeiten abgesehen, geizt das tropische Edelholz nicht mit hervorragenden Eigenschaften, die es bei großen Holzhändlern preislich in die Spitzengruppe der afrikanischen Hölzer befördern. Es ist härter als Eiche (und wird wegen seiner Farbe bisweilen als Ersatz für Mooreiche eingesetzt) und dient deshalb oft als Bodenbelag. Seine Festigkeit verleiht Wengé gute Klangqualitäten. Gitarrenbauer setzen es als Material für Böden und Seiten ein und auch als Griffbrett dient Wengé Virtuosen wie Santana, Knopfler und Co.

Sägeblätter und Fräserschneiden stellt das Edelholz vor deutlich härtere Herausforderungen als vergleichbar dichte Hölzer wie Ahorn. Die Standzeiten der Werkzeuge fallen dementsprechend deutlich kürzer aus. Dennoch lässt sich Wenige auch in der Drechselwerkstatt und der Schnitzstube gut bearbeiten, wenn man von der Splitterneigung absieht. Risse bilden sich kaum im Holz, das obendrein noch Pilzen und Insekten nicht als appetitlich gilt. Und nicht einmal wasserscheu ist Wengé: In seiner afrikanischen Heimat werden aus dem edlen Holz traditionell Boote gefertigt, die dann den Kongo und seine Nebenflüsse befahren.

Praktisch, schön und wehrhaft zugleich: Nicht viele Hölzer vereinen diese Vorzüge auf sich. Ein Stückehen Wenige bringt Farbe in die eigene Werkstatt. Neben Parkettherstellern haben spezialisierte Holzhändler auch kleinere Stücke auf Lager: Perfekt etwa für einen geheimnisvoll-dunklen Akzent als Griff an hellen Möbeln. (AD)

Zebra-Look als letzter Schrei

Furnierte Kästen wie diese bringen die exotische Struktur des Zebrano besonder gut zur Geltung.

Fotos: panthermedia, Walter Egloff; Böhringer, Wikimedia Commons; w201forum.com, BornToRun; Theresa von Bodelschwingh

Ob Oldtimer oder moderne Luxuskarosse, Freunde gepflegter Automobile stehen einfach auf dieses Holz: Geschwindigkeit und eine edle Art zu Reisen, dazu gehört nicht selten Zebrano.

Zebrano (Microberlinia brazzavillensis)

Natürliche Verbreitung: Kamerun und Gabun

Höhe: bis 40 Meter
Mittlere Rohdichte: 730 kg/m³
Höchstalter: unklar

Wer von den Herstellern edler Autos etwas auf sich hält, bietet zur Zeit Zebrano-Armaturen an.

Feine, kontrastreich gestreifte Furniere auf dem Armaturenbrett stehlen der Tachometernadel die Schau. Satt und doch seidig poliert liegt der Zebrano-Knauf des Schalthebels in der Hand. Und außen wetteifern Zierleisten, gefertigt aus dieser Zierde Afrikas, mit blitzendem Oldtimer-Chrom um die Aufmerksamkeit. Die Angebotspalette der Edel-Zulieferer enthält holzliebenden Autofreunden kaum ein denkbares Produkt aus Zebrano vor.

Doch die Begeisterung enthält einen dicken Wermutstropfen: Der Zebrano-Baum „Microberlinia brazzavillensis" gilt mittlerweile in seinem westafrikanischen Wuchsgebiet (Schwerpunkte: Kamerun und Gabun) als gefährdet. Mit nur einer weiteren Art, die ein ganz ähnliches Holz liefert, bildet er eine kleine Untergattung der Johannisbrotgewächse.

Schlicht sein, das kann Zebrano nicht. Auffällig gezeichnet mit seinen hellen und dunklen Streifen im Kernholz ist auf den ersten Blick klar, welchem Tier der Savanne dieses Holz seinen Namen verdankt. Im Englischen ist das mit „African Zebrawood" nicht viel anders; ab und an wird das Holz auch als „Zigana" geführt. Es ist im Kern hellgrau bis gelb und wird je nach Wuchs von aderdünnen bis millimeterbreiten Streifen durchzogen. Sie heben sich, tiefdunkel bis schwarz, sehr effektvoll von der Umgebung ab.

Diesem Naturschauspiel im Holz kann der Mensch nicht viel hinzufügen. Jeder Versuch, noch mehr Effekt aus Zebrano herauszuholen, würde wohl über das Ziel hinausschießen. Daher zielen Furnierhersteller fast immer darauf ab, die gewachsene Streifigkeit von Zebrano zu erhalten. Sie tun das, indem sie die richtige Messer-Technik wählen. „Echt Quartier" heißt das Schnitt-Verfahren, bei dem der Stamm zunächst der Länge nach geviertelt wird. Danach wird jedes Viertel so zum Messer ausgerichtet, dass dieses annähernd oder genau radial ins Holz eindringt. So wird besonders wirkungsvolles Eichen-Furnier hergestellt, und auch bei Zebrano ist das „Echt Quartier"-Verfahren das Mittel der Wahl. Je besser und vor allem regelmäßiger dabei die naturgegebene Streifigkeit zu Tage tritt, desto wertvoller sind die Furnierpakete im Handel. Sehr ungern gesehen ist dabei ein Phänomen, das Furnierwerker „Stacheldraht" nennen: Die dekorativen schwarzen Streifen zacken aus und beeinträchtigen das harmonische Bild.

Schon seit Beginn der großflächigen Regenwald-Nutzung ist Zebrano etwas Besonderes: Mitunter werden viele andere Bäume geschlagen, um an einige der begehrten Stämme zu gelangen. Überdies ist das Holz nur schwer zu trocknen, ohne dass es reißt. Das macht Zebrano besonders wertvoll und deshalb ist die allerhäufigste Verwendung die Verarbeitung zu Furnier. Eingelagerte Pakete werden in der Regel kräftig von oben beschwert, um den Hang zur Welligkeit zu unterbinden.

Eleganter Eindruck, aber nicht ganz leicht zu bearbeiten

Zebrano kann jedoch in kleinen Querschnitten in der Kunsttischlerei und für ganz besondere Drechselarbeiten eingesetzt werden. Auch für kleine Schnitzarbeiten wird es verwendet. Es lässt sich vergleichsweise leicht verarbeiten, obwohl es zum Wechseldrehwuchs neigt und auch gerne splittert. Unter dem Hobel reagiert Zebrano mitunter etwas zickig mit ausgebrochenen Fasern. Es ist daher sinnvoll, als allerletzten Arbeitsschritt keinen hauchfeinen Hobelstrich einzuplanen, sondern lieber zu schleifen.

Unangenehme Überraschungen kann der Laubbaum in Form von Harzgallen bieten, die vor der Oberflächenbehandlung oder dem Leimen eine Behandlung mit Terpentin erfordern.

Das zerstreutporige Holz neigt vor allem massiv dazu, hauchfeine Nadelrisse zu entwickeln. Es ist recht hart und dicht und kann vor allem kurz nach dem Einschlag sehr unangenehm riechen.

Trotz dieser Schwierigkeiten ist Zebrano in den vergangenen Jahren geradezu zum Liebling der Designer geworden, und zwar nicht nur der Auto-Designer: Handtaschen und modische Accessoires sind auf Laufstegen zu sehen und Edel-Boutiquen werden mit Vorliebe im Zebra-Look aus Westafrika gestaltet. Fast schon traditionell ist da die Verwendung der Furniere für hochwertige Gitarren. Dort zieren die Streifen die Deck- und Bodenseiten. Für Furnier-Einlegearbeiten ist das Dekor aus der Natur ebenfalls bestens geeignet.

Die sprunghaft gestiegene Beliebtheit von Zebrano macht indes mittlerweile Artenschützern, zum Beispiel des WWF, Sorgen. Sie sehen die Bestände des bis zu 40 Meter hohen Baumes auf Dauer als gefährdet an. Gut beraten ist daher, wer sich beim Kauf von Zebrano genau über die Herkunft und die umweltverträgliche Gewinnung des Holzes informiert. Nur so ist garantiert, dass auch künftige Generationen Freude an diesem gestreiften Wunder der Natur finden. (AD)

Aromalieferanten unter falscher Flagge

Der starke Zedern-Geruch des Gewächses führt zu Verwechslungen.

Fotos: Wikimedia Commons: Daderot; Leit; Wsiegmund

Wer über Zedern schreibt, kommt über eine Begriffsklärung nicht herum: Weil jeder die Zeder zu kennen scheint – Stichwort Libanon-Zeder – kommt es besonders leicht zu zahlreichen Verwechslungen. HolzWerken bringt Licht in den Zedern-Wald.

Western Red Cedar (Fotos – Thuja plicata)	**Eastern Red Cedar (Juniperus virginiana)**
Natürliche Verbreitung: Nordkalifornien bis Alaska	Östliche USA (außer Florida) bis Quebec
Höhe: bis 70 Meter	bis 30 Meter
Mittlere Rohdichte: 370 kg/m³	490 kg/m³
Höchstalter: über 1.000 Jahre	rund 800 Jahre

Um echte Zedern wird es hier fast gar nicht gehen. Der Grund: Die Gattung aus der Familie der Kieferngewächse ist gar nicht im Spiel, wenn wir heute mit „Zedernholz" zu tun haben. Zedernholz aus dem Libanon oder aus dem Atlas-Gebirge riecht viel weniger aromatisch als immer angenommen und spielt im Holzhandel hierzulande überhaupt keine Rolle.

Wenn es um Zedernholz für Dachschindeln geht oder um den Saunabau, um Wandverkleidungen oder Wäschetruhen, so haben wir es fast immer mit der Rotzeder (oder Rot-Zeder) zu tun. Hinter diesem Oberbegriff verbergen sich wiederum zwei nordamerikanische Nadelholzbäume (aber keine Zedern) und die (ebenfalls nur so genannte) „Spanische Zeder". Zu dieser später mehr.

Bei den beiden Nordamerikanern handelt es sich um zwei gänzlich unterschiedliche Spielarten des „Red Cedar". „Western Red Cedar" wächst an der amerikanischen Westküste von Kalifornien bis Alaska, ist in Europa auch als Riesen-Lebensbaum (Thuja) heimisch und entspringt der Familie der Zypressengewächse. Die Bäume können an die 70 Meter hoch werden und bis zu 500 Kubikmeter Holz ansammeln. So viel, dass Ureinwohner im heutigen West-Kanada Planken aus dem lebenden Baum schnitten und spalteten, um sich den Transport eines ganzen Riesen zu ersparen. Noch heute gibt es Bäume, die Spuren dieser Nutzung zeigen. Für die indigene Bevölkerung waren die Riesen-Lebensbäume ein großer Rohstoffquell. Sie fertigten unter anderem ihre Kanus aus dem leichten, aber dauerhaften Material. Heute ist die „Western Red Cedar" einer der wichtigsten Forstbäume im amerikanischen Westen. Darüber hinaus gibt es noch recht große natürliche Wälder, von denen viele heute dem Zugriff der Holzindustrie entzogen sind. Rotzeder aus dem amerikanischen Westen ist leicht, weich, mit weißem, schmalem Splint und violett bis (meist) rot-braunem Kern. Weil es von sich aus mit dem sehr aromatischen Stoff Thujaplicin imprägniert ist, schützt es sich selbst gegen angreifende Mikroorganismen. Das ist auch der Grund, warum die Riesen-Lebensbäume die Eingriffe der holzsuchenden Ureinwohner überstanden. Das Thujaplicin sorgt auch dafür, dass Bienenstöcke aus „Western Red Cedar" Schädlinge von den Völkern abhalten. Saunagängern ist es jedoch eher der angenehme Geruch, der das Holz bei ihnen so beliebt macht; Gitarristen schätzen den vollen Sound, den „Western Red Cedar"-Decks abgeben. Profi-Griller setzen durch und durch gewässerte Brettchen aus Rotzeder zum besonders schonenden Zubereiten von Fleisch auf dem Rost ein. Das Holz kommt zwischen das Steak und die Glut. Das Fleisch bekommt dadurch eine besonders würzige Note, heißt es.

„Eastern Red Cedar" stammt ebenfalls aus der Zypressen-Familie, gehört aber der Gattung der Wacholder an. Sie wächst in der Osthälfte der Vereinigten Staaten von Georgia bis hinauf ins kanadische Quebec. Besonders als Holz für Schreibgeräte ist das duftende, leichte, rot-braune Material bekannt geworden. „Bleistiftzeder" ist hier ein bekannter Handelsname. In Mitteleuropa ist das Holz eher selten zu bekommen. In den USA wurden wegen seiner hohen Schädlingsresistenz häufig Zaunpfähle und Telegrafenmasten daraus gefertigt. Heute wird die Verwendung jedoch auf edlere Zwecke reduziert: Bogenbau lässt sich mit dieser vermeintlichen Zeder recht gut betreiben. Ebenso wie die „Western Red Cedar" wurde diese Gattung bereits vor Hunderten Jahren in Mitteleuropa eingeführt und wächst hier sporadisch. Obwohl im ausgewachsenen, baumförmigen Zustand rar geworden, gilt die Wacholder-Spielart örtlich sogar als Landplage.

Zu den beiden vermeintlichen Zedern aus Nordamerika gesellt sich eine weitere, im Holz-Zusammenhang wichtige Art, die häufig als „Spanische Zeder" anzutreffen ist. Weder wächst sie in Spanien (sondern von Mexiko bis in die Mitte Südamerikas) noch ist sie eine Zeder. „Westindische Zedrelen", so der treffendere biologische Name, gehören zur Familie der Mahagonigewächse und sind heute gefährdete Laubbäume. Beim Bau von edlen Zigarrenboxen (Humidore) gilt das Holz indes als unverzichtbar: Es kapselt die Tabakwaren mit Inhaltsstoffen vor Schädlingen ab und gibt gleichzeitig eine aromatische Note an die Zigarren ab. (AD)

Totempfähle waren eine traditionelle Nutzung der US-„Zedern".

Eine Königin mit starken Parfum

Zirbennadeln liefern wertvolle Duftstoffe

Sie steht in den Alpen ganz oben und ist auch mit verschlossenen Augen sehr gut zu erkennen. Und nicht nur das: Das Holz der Zirbelkiefer wird wegen seiner gutmütigen Eigenschaften sehr geschätzt.

Zirbelkiefer, Zirbe und Arve (Pinus cembra)

Verbreitung: Alpenraum oberhalb von 1.300 m

Höhe: bis zu 30 Meter, Stammdurchmesser: bis zu 170 cm,
Darrdichte: 400 kg/m³
Höchstalter: bis 1.200 Jahre, in der Regel bis 300 Jahre

Gedrechselt, beschnitzt oder im Möbelbau: Das Holz der Zirbelkiefer ist vielfältig einsetzbar!

Die Monarchie, man weiß es seit „Sissi", liegt vielen Österreichern sehr am Herzen. Doch seitdem der Alpenstaat Republik ist, muss sich die Begeisterung für Blaublüter andere Wege suchen. Die Zirbelkiefer profitiert davon und wird von vielen Bewohnern des Alpenraums – auch von den Bayern – gern als die ‚Königin der Alpen" gefeiert. Die Zirbe, wie der Baum zwischen München und Bozen meist genannt wird, tut aber auch viel dafür. Anders als Königinnen aus Fleisch und Blut etwa lässt sie die Herzen nicht höher schlagen, sondern ruhiger. Forscher um den Österreichischen Universitätsprofessor Dr. Maximilian Maser haben entdeckt, dass die starken ätherischen Öle im Zirbenholz einen messbaren Effekt auf das Wohlbefinden haben. 30 Testschläfer schickte der Professor ins Bett: Die eine Hälfte in einem Zimmer mit Holzdekor, die andere Hälfe in einen Raum mit Bett, Möbeln und Vertäfelung aus dem Holz der Zirbelkiefer.

Zirbe lässt Sie besser schlafen

Das Ergebnis: Die Holz-Schläfer berichteten von wesentlich entspannteren Nächten als die Vergleichsgruppe. Und das Herz der Zirben-Tester kam im Schnitt pro Tag mit 3.500 Schlägen weniger aus. Zirbe macht offenbar gelassener und regt den noch an. In der Schweiz werden gar Späne-Kissen für den guten Schlaf angeboten.

Seine Öle setzt das Holz der Zirbelkiefer auch noch nach vielen Jahren frei. Die Königin der Alpen trägt also intensives Parfum. Die wohltuende Wirkung – war sie ein Grund dafür, dass Wirtsstuben in den Alpen jahrhundertelang innen mit Zirbe verkleidet wurde?

Unter den Nadelhölzern ist Zirbe gleich in mehreren Kategorien Spitzenreiter. Denn in den Hochlagen der Alpen, ihrem Stammland, wächst sie auf bis zu 2.500 Meter Höhe. Sie lebt lange – einige Exemplare sollen die 1.200 Jahre geschafft haben- und trotzt Kälte bis -40 Grad ebenso wie Stürmen und Blitzen. Bizarre Wetter-Zirben haben viel zur Volksmythologie des Alpenlandes beigetragen.

Mit nur 400 Kilogramm Darrgewicht pro Kubikmeter gehört die Zirbelkiefer zu den leichtesten Nadelhölzern Europas. Der karge Lebensraum bewirkt, dass die Bäume nur sehr langsam wachsen. Splint- und Kernholz sind gut voneinander zu unterscheiden, Früh- und Spätholz in den feinen, gleichmäßigen Jahresringen ebenfalls. Dieser ruhige Wuchs macht die Zirbe für Holzwerker zu einem geduldigen Material: Sie schwindet kaum und neigt nicht zu Rissen oder Verdrehungen. Was bei anderen Holzarten ein Fehler ist, gehört bei der Zirbe dazu: die Äste. Sie sind fest verankert und lassen sich glatt schneiden und hobeln. Diese Eigenschaften machen das Holz nicht nur bei Tischlernder Alpenregion beliebt, sondern auch bei Schnitzern. Der gelblich-rote Kernbereich macht den größten Teil des Stammes aus und wird, da er weich ist, seit jeher für Schalen, Hausgerät und für Skulpturen genutzt.

Ätherische Öle sorgen für unvergleichbaren Duft

Für ihren Schutz sorgt die Zirbe übrigens selbst. Sie enthält ein halbes Prozent Pinolsylvin, das Pilze und Bakterien fernhält. Der starke Cocktail an Inhaltsstoffen verdirbt auch der Kleidermotte den Appetit. Für den Bau eines Kleiderschrankes ist Zirbe somit erste Wahl. Tests haben ergeben, dass sich der abschreckende Effekt sogar noch steigern lässt: Dazu wird das Holz zusätzlich mit Zirbenöl eingerieben. Dieser harzig-herbe Extrakt aus den Nadeln wird auf vielfältige Art eingesetzt, nicht zuletzt in der Gesundheitspflege. Als besonders nahrhaft gelten die Samen der Zirbelkiefer, die früher vor allem in Notzeiten Energie spendeten. Sie stecken in den Zapfen, die häufig und missverständlich als „Zirbelnüsse" bezeichnet werden.

Der größte Fan dieser „Nüsse" hat Flügel: Der Tannenhäher sammelt sie massenweise als Wintervorrat Weil er aber nur einen Bruchteil tatsächlich nutzt, sorgt der Vogel nebenbei für die Ausbreitung der Zirbe. Tatkräftig unterstützt wird er dabei vor allem in Österreich durch fleißige Forstarbeiter, die pro Jahr 130.000 junge Zirbelkiefern anpflanzen – bester Beweis für die Wertschätzung, die dieser Baum heute wieder genießt. Dabei schätzten schon die Römer den Alpenbaum, sie sahen die Zirbelnuss als Symbol für Unsterblichkeit und Fruchtbarkeit. Mit solch königlichen Attributen sehen viele Bewohner der Alpenregion ihre Königin gerne umkränzt. Nur die erzrepublikanischen Schweizer machen den Spaß nicht mit. Bei den Eidgenossen heißt die Zirbelkiefer nicht einmal Zirbe – sondern Arve. (AD)

HolzWerken

Das Beste aus der Zeitschrift

Mehr zum Buch:

HolzWerken
Werkstatteinrichtung 2

22 Projekte für die Werkstatt: Arbeitstische, Spannvorrichtungen und kleine Helfer

120 Seiten, DIN A4, kartoniert

Best.-Nr. 22296
ISBN 978-3-7486-0735-9

Mehr zum Buch:

HolzWerken
Die besten Tipps und Tricks 1

Kompaktes Know-how direkt für die Werkstatt

112 Seiten, DIN A4, kartoniert

Best.-Nr. 9171
ISBN 978-3-86630-996-8

Mehr zum Buch:

HolzWerken
Die besten Tipps und Tricks 2

Pfiffiges Know-how für die Werkstatt

96 Seiten, DIN A4, kartoniert

Best.-Nr. 21819
ISBN 978-3-7486-0506-5

Mehr zum Buch:

HolzWerken
Die besten Vorrichtungen

19 selbst gebaute Helfer für Säge, Fräse und Hobelbank

128 Seiten, DIN A4, kartoniert

Best.-Nr. 9176
ISBN 978-3-86630-720-9

Mehr zum Buch:

HolzWerken
Tische und Stühle

14 Möbel-Projekte von klassisch bis individuell

112 Seiten, DIN A4, kartoniert

Best.-Nr. 21452
ISBN 978-3-7486-0375-7

Mehr zum Buch:

HolzWerken
Die besten Drechselprojekte

Vom Kreisel bis zur Manta-Dose – 18 Projekte von einfach bis exzentrisch

100 Seiten, DIN A4, kartoniert

Best.-Nr. 9167
ISBN 978-3-86630-986-9

Alle Titel auch als E-Book:
www.holzwerken.net/shop

Bestellen Sie versandkostenfrei*
T +49 (0)6123 9238-253
www.holzwerken.net/shop

* innerhalb Deutschlands

HolzWerken
Wissen. Planen. Machen.

Vincentz Network GmbH & Co. KG *HolzWerken* 65341 Eltville · Deutschland

Lust auf mehr?

Hier finden Sie weitere Bücher

Michael Pekovich

Wie wir Möbel bauen – und warum

Es wächst die Wertschätzung für das Handgemachte sowie auch das Verständnis für die Notwendigkeit, unser Leben mit sinnvollen und nützlichen Gegenständen zu füllen. Mike Pekovich erklärt, was die Zeit und Mühe wert ist um die Arbeit zu machen, die die Qualität unseres Lebens erhöht. Dieses Buch liefert viele wichtige Informationen für Designer und Möbelbauer, die der Autor anschaulich erklärt, unterstützt und abgerundet durch viele Illustrationen und spannende Projekte.

- Kostbare Werkstattzeit besser nutzen
- Entwurf, Auswahl des Holzes, Stilart
- Manuelle Fertigkeiten, Arbeitsweisen
- Konkrete Anleitungen bis zur Endbearbeitung

218 Seiten, 21 x 28 cm, gebunden

Best.-Nr. 21037

ISBN 978-3-86630-917-3

 **vinc.li/21037**

Christopher Schwarz

Die Werkzeugkiste des Anarchisten

Welche Werkzeuge benötigt man wirklich? Auf der Basis einer lebenslangen Beschäftigung mit Werkzeugen stellt Schwarz eine Liste der seiner Erfahrung nach notwendigen Werkzeuge für den Möbelbau detailliert vor. Dabei beeindruckt der Autor mit einer umfassenden Detailkenntnis der Funktionsweisen, Einstellmöglichkeiten und auch der Fallstricke, die bei den einzelnen Werkzeugen zu beachten sind. Am Ende wird die titelgebende Werkzeugkiste gebaut, in der alle (notwendigen) Werkzeuge Platz finden.

480 Seiten, 16,5 x 23,5 cm, mit Lesebändchen, gebunden mit Prägung Abbildungen: sw

Best.-Nr. 22010

ISBN 978-3-86630-745-2

 **vinc.li/22010**

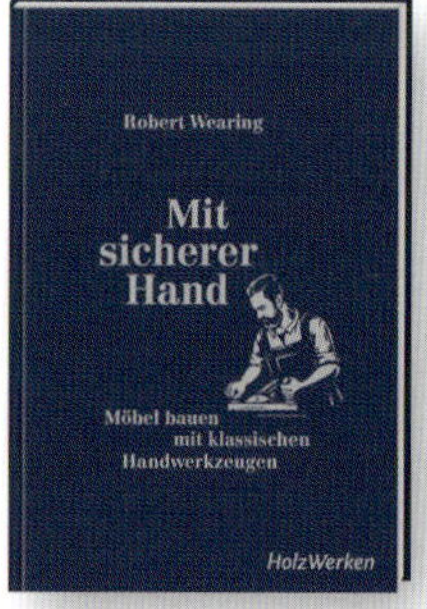

Robert Wearing

Mit sicherer Hand

Möbel bauen mit klassischen Handwerkzeugen

Die Kombination von einfachen, aber präzisen Zeichnungen mit den genauen Erläuterungen, die sich stets entlang dieser Zeichnungen bewegen, erfordert eine konzentrierte Lektüre. Liest man das mit dem Werkzeug in der Hand, arbeitet also parallel mit, wird man mit diesem Buch immens viel lernen.

Wearing selbst hatte tatsächlich eine Art Ausbildungsersatz im Sinn. Das Buch, schreibt er im Vorwort, „ist vor allem für jene gedacht, die auf sich selbst gestellt arbeiten."

280 Seiten, 16,5 x 23,5 cm, gebunden mit Prägung Abbildungen: sw

Best.-Nr. 21903

ISBN 978-3-7486-0557-7

 **vinc.li/21903**

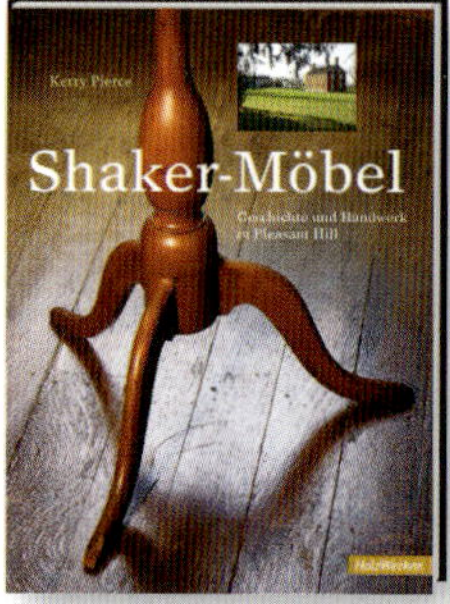

Kerry Pierce

Shaker-Möbel

Geschichte und Handwerk in Pleasant Hill

Kerry Pierce stellt in diesem wunderschönen Bildband Möbel aus der Shaker-Tradition vor. Er erläutert deren Bau, wobei er detailliert auf Materialien und Arbeitsweisen eingeht. Pierce liefert aber mehr als eine reine Nachbauanleitung, indem er auch die religiöse Intention der Shaker beschreibt.

Heute ist Pleasant Hill ein Freilichtmuseum der Shaker-Kultur mit einer umfangreichen Möbelsammlung, das den visuellen Hintergrund dieses äußerst attraktiven Bildbandes bildet.

176 Seiten, 22,5 x 30,5 cm, gebunden mit Schutzumschlag

Best.-Nr. 9144

ISBN 978-3-86630-929-6

 **vinc.li/9144**

Bestellen Sie versandkostenfrei*

* innerhalb Deutschlands

Vincentz Network GmbH & Co. KG *HolzWerken* 65341 Eltville · Deutschland

von *HolzWerken*

Matt Kenney

Kumiko

Japanische Gitter-Ornamente entwerfen, bauen und perfektionieren

Kumiko ist eine traditionelle Kunst, die durch das Zusammensetzen von kleinen Elementen aus Holz schöne Muster entstehen lässt. Dieses Buch bietet detaillierte Schritt-für-Schritt-Anleitungen für 10 Muster. Ebenfalls enthalten sind Vorlagen für originelle dekorative Wandpaneele. Lernen Sie Kenneys Methoden zur Herstellung von Kumiko kennen, die die Genauigkeit und Effizienz moderner Maschinen mit der Präzision von Handwerkzeugen kombinieren.

168 Seiten, 21 x 28 cm, gebunden

Best.-Nr. 21654
ISBN 978-3-7486-0436-5

  vinc.li/21654

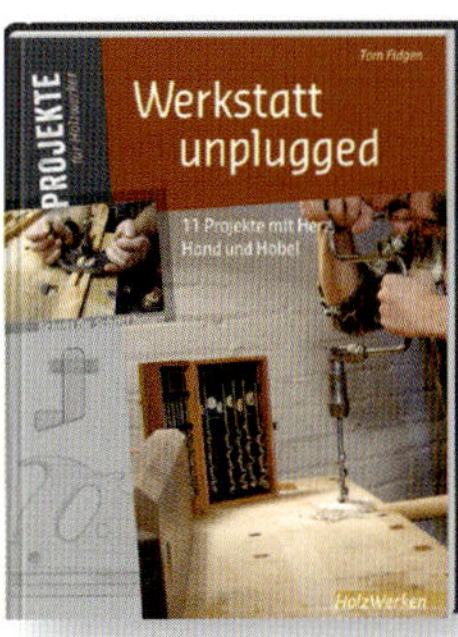

Tom Fidgen

Werkstatt unplugged

11 Projekte mit Herz, Hand und Hobel

Eine zunehmende Zahl von Holzwerkern bevorzugt es, nur mit Handwerkzeugen zu arbeiten. Die einzigartige Sammlung von Projekten in diesem Buch reicht von einer Sägebank für die Werkstatt bis zu einem unverwechselbaren Karteikarten-Schrank im Retro-Stil, umgearbeitet für die Aufbewahrung von Küchenutensilien.

- Projekte umsetzen nur mit Handwerkzeugen
- Handwerkzeuge selber bauen
- Abschnitte zu Oberflächenbehandlung und Klebstoffen
- Mit detaillierten Zeichnungen

240 Seiten, 21 x 28 cm, gebunden

Best.-Nr. 20505
ISBN 978-3-86630-551-9

 vinc.li/20505

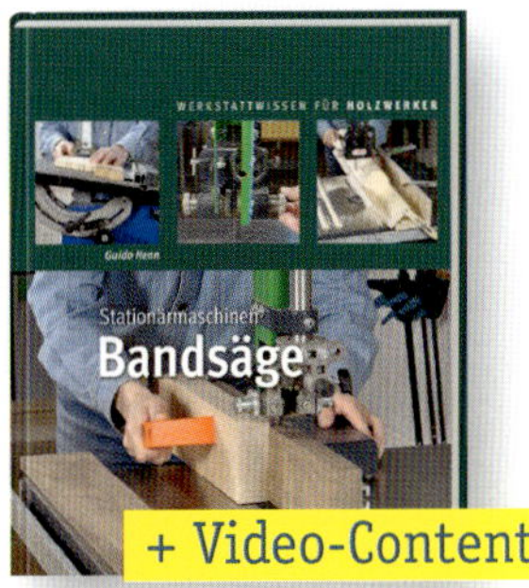

Guido Henn

Stationärmaschinen

Bandsäge

Gewohnt detailliert und anschaulich werden Arbeitsweisen, Einstellungsmöglichkeiten sowie die unerlässlichen Sicherheitsaspekte der Bandsäge dargestellt. Außerdem gibt es wichtige Hinweise für die Kaufentscheidung: In welchen Kriterien unterscheidet sich ein Gerät qualitativ von dem anderen? An einem breiten Spektrum an Projekten zeigt Guido Henn die Möglichkeiten der Bandsäge, bei denen auch ein Profi noch etwas lernen kann.

- Umfassende und detaillierte Anwendungsbeispiele
- Tipps und Tricks rund um die Bandsäge
- Zahlreiche Arbeitshilfen und Vorrichtungen, sowohl kommerzielle wie auch selbstgebaute
- Inklusive Video-Content (100 Minuten Laufzeit)

192 Seiten, 23,1 x 27,2 cm, gebunden

Best.-Nr. 21158
ISBN 978-3-7486-0194-4

 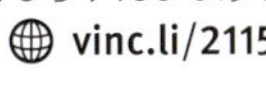 vinc.li/21158

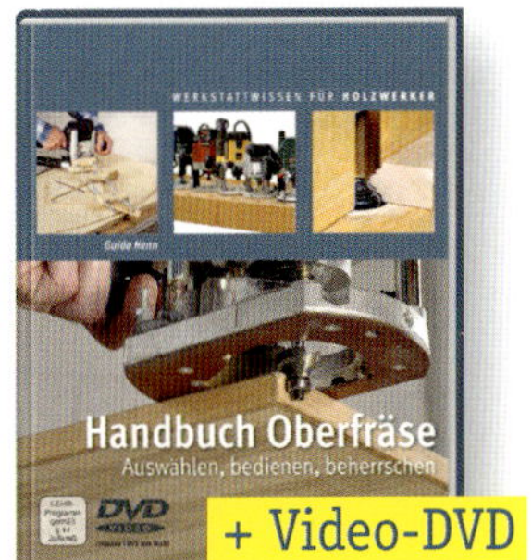

Guido Henn

Handbuch Oberfräse

Auswählen, bedienen, beherrschen

Alles, was man über die Oberfräse wissen muss! Schritt für Schritt erklärt Guido Henn alles Wesentliche zu Modellen, Typen und Fräsern, zu Bedienung und Wartung.

Es folgen fundierte Anleitungen zum praktischen Arbeiten mit vielen Beispielen.

Auf der beiliegenden DVD zeigt Guido Henn anschaulich und detailliert die Arbeit mit den selbstgebauten Vorrichtungen und Schablonen.

288 Seiten, 23,1 x 27,2 cm, gebunden, Video-DVD (120 Min. Laufzeit)

Best.-Nr. 9155
ISBN 978-3-86630-949-4

 vinc.li/9155